DIANWANG QIYE XIANSUN YICHANG
DIANXING ANLI

电网企业线损异常
典型案例

孟凡利　王位尧　主编

中国电力出版社
CHINA ELECTRIC POWER PRESS

图书在版编目（CIP）数据

电网企业线损异常典型案例 / 孟凡利，王位尧主编.
北京：中国电力出版社，2025.2. — ISBN 978-7
-5198-9517-4

Ⅰ. TM744

中国国家版本馆 CIP 数据核字第 20243SX105 号

出版发行：中国电力出版社
地　　址：北京市东城区北京站西街 19 号（邮政编码 100005）
网　　址：http://www.cepp.sgcc.com.cn
责任编辑：丁　钊（010-63412393）
责任校对：黄　蓓　王海南
装帧设计：赵姗姗
责任印制：杨晓东

印　　刷：北京世纪东方数印科技有限公司
版　　次：2025 年 2 月第一版
印　　次：2025 年 2 月北京第一次印刷
开　　本：710 毫米×1000 毫米　16 开本
印　　张：11.5
字　　数：213 千字
定　　价：58.00 元

本书编委会

主　　任　胡扬宇

委　　员　程省委　索海洋　陈　锴　王　皓
　　　　　王学强　刘　涛　魏晓辉

编　写　组

主　　编　孟凡利　王位尧

参编人员　兰　天　庞金鑫　郁　森　朱榕基
　　　　　朱敏鹏　王　乐

前　言

节能减排是我国的一项基本国策。这一政策体现了我国政府对环境保护和可持续发展的高度重视。而线损率是衡量电网企业一项重要的经济指标，它综合反映了电力网规划设计、生产运行、经济管理等技术水平；同时，电力网降损节能也是国家节能管理的重要组成部分，是电力行业节约能源的主要措施，是电网经营企业及用电客户增加利润或收益最直接、最有效的途径，是电力企业经营管理、提高经济效益的一项长期性工作。

国家电网公司为了加强人才培养和内外部宣传，一是利用国网学堂、集中培训、专题论坛、班组讲堂、系统实训等方式，加强各级管理人员和一线人员培训，提升理论和实操水平；二是鼓励各省开展"系统+现场"相结合方式的降损反窃技能竞赛、比武，营造"比学赶超"的良好氛围；三是强化国家电网计量中心（反窃电中心）和省营销服务中心降损防窃支撑能力，通过课题研究、任务攻关、帮扶诊断等形式，培养一批业务骨干和专家；四是加大合法合规、节能高效、绿色低碳用电等常识普及，广泛制作视频、动画等科普宣传材料，通过网上国网 App、抖音、客户微信群等新兴网络媒体发布。本书旨在根据现场实际，以台区降损为切入点，浅析线损异常情况，也希望可以根据现场实例实现业务培训再提高的愿望，从而达到窥一斑而得全豹的目的。

本书共分为十章。从现场常见的易引起线损异常的十个方面分别阐述，其中既包含了由于固定损耗改变引起的线损异常，也包含了由于可变损耗改变引起的线损异常；同时，针对目前日益更新的现场情况，也加入了最新的由于新能源加入引起的线损异常。

借此机会，向支持本书编写工作的各位领导、同仁表示最衷心的感谢，感谢大家提供的无私帮助。由于编写者阅历和水平有限，不足和不妥之处在所难免，敬请广大读者和技术同仁批评指正。

目　录

第一章

电能表内部问题引起线损异常

1 电能表巧修改电费打两折

查处经过

××年 12 月，××供电中心整体线损率较以往有所升高，线损管理专责王××对××供电所的台区线损率进行筛查分析。发现配××台区 12 月线损率为 3.14%，较以往有所升高。虽线损率波动不大，但该台区线损一向较好，王××查询以往线损记录显示，××年 8 月之前该台区线损率维持在 2.8%左右，自××年 9 月起，该台区线损均为 3%以上。通过电力营销业务应用系统（简称营销系统）查询，该台区近半年不存在客户新增、计量点变更、电能表更换、客户销户等工单，台区用电计量点无增加或减少情况；通过用电信息采集系统查询，不存在跨越台区调整计量点等情况，电能表自动采集成功率始终为 100%，不存在手动调整电量的情况；沟通咨询供电服务指挥中心了解到近期该台区未接到线路设备报修工单，也不存在因相邻台区或低压线路设备故障临时挂接相邻台区计量点的情况。排除无其他可能造成线损率升高原因后，王××通过用电信息采集系统查询该台区下辖 154 位用户××年 1~12 月及去年同期户日均电量值，经筛查发现户主蒋×的电能表 489×××××××自××年 8 月底起日均电量值出现明显波动，仅为同时期用电量的 25%左右。王××电话咨询配×××台区经理，确认蒋×近半年无外出居住、人口减少情况后，初步判断蒋×疑似窃电，通知×供电所用电检查人员蔡××进行现场检查。

××年 1 月 5 日，用电检查人员蔡××查询电能表 489×××××××无开盖记录、无窃电记录。随即出具《用电检查工作单》，办理审批手续，携带现场行为记录仪、万用表、钳形电流表、证物袋、《用电检查单》《用电检查结果通知单》以及检查所需的个人工器具。通知台区经理后，协同物业管理人员对配×××台区的蒋×开展现场用电检查。三人到达现场后，在物业管理人员的见证下，工作人员严格按现场作业安全规范要求，做好必要的人身防护和安全措施，开展现场检查工作。检查发现计量箱未加载铅封，打开计量箱后进行电能表外观检查：

电能表 489×××××××外观干净完整，两个出厂封印、一个校验封印均完好无损，无明显人为破坏痕迹。钳形电流表测量相线进出线电流 9.7A、中性线进出线电流均为 9.8A，按电能表巡显按键，调出电能表电流实时读数仅为 2.1A，初步判断该电能表内部线路存在问题。通知蒋×到达现场后，工作人员主动出示工作证件亮明我方身份，再确认客户实际身份，并向其表明我方的来意和目的，告知客户发现的现场疑点和初步检查数据，并一起对计量箱开箱检查，并对电能表实际运行环境、运行状况和运行数据进行测量记录。用户蒋×在看到电能表显示电流异常后，不承认其窃电行为，称读数在今日前一直正常，是供电公司工作人员擅自改动后使其产生读数误差。面对用户的指责，用电检查人员蔡××调出行为记录仪视频作为证据，并请物业管理人员作证，蒋×不再称工作人员改动电能表，但仍声称自己对电能表读数有误毫不知情。

用电检查人员蔡××再次对电能表进行外观检查（见图 1-1），发现电能表侧

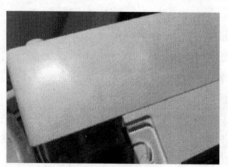

图 1-1　疑似更改处

边合格证有卷边、破损现象，揭开合格证后，发现有直径约 0.5cm 的孔洞，正好位于电能表相线端子一侧。蔡××猜测用户打孔后使用金属将相线进出线短路分流，从而减少流经电能表计量回路的电流。在确凿证据面前，蒋×承认其窃电行为。

事后经检测中心拆开检查，电能表内部发现有铜丝短接相线进线与出线连片。经过检定，这块电能表所记录的电量约为实际电量的 20%。即用户窃电 80%。事后调查得知，该用户蒋×承认在××年 9 月在网上×论坛学得该方法，号称既能骗过系统又能骗过供电公司。蒋×随即在××年 9 月 2 日进行操作并隐藏窃电痕迹。

根据客户陈述事情发生的时间，并同时比对用电信息采集系统，确认该用户于××年 9 月 2 日起开始电量明显减少，两方时间相符，确认该用户实际窃电时间为××年 9 月 2 日~××年 1 月 5 日，共计 125 天。最终该客户承认了自己的窃电事实并同意接受处理。

台区经理随即对用户下达《用电检查结果通知单》，告知窃电事实清楚，确认签字并在规定时间内到营业厅补缴电费及违约使用电费。完成现场检查后，工作人员通知供电所内勤人员及时在营销系统发起窃电处理流程，并录入相关资料、证据等。

查处依据

此案例符合《供电营业规则》第一百零三条第五款规定，属于窃电行为，窃电量按照第一百零五条规定计算。

事件处理

蒋×电能表额定容量 1.1kW。每日用电时间照明用户按 6h 计算，共计 125 天。追补电量为 $1.1 \times 6 \times 125 = 825$（kW·h）。

根据××省现行阶梯电价执行规定应追补电量未超出一挡使用电量，故按一挡电价标准计算电费。追补电费为 $825 \times 0.56 = 462$（元），违约电费为 $462 \times 3 = 1386$（元），合计为 $462 + 1386 = 1848$（元）。

暴露问题

（1）计量箱封印缺失未能及时发现，计量巡视流于表面，现场巡视周期过长，给窃电者可乘之机。

（2）对台区线损率变化缺乏敏感性，该台区自××年 9 月即出现波动，线损人员直至半年后才发现，没有及时跟进发现用户用电量异常。

防范措施

（1）加强现场计量装置巡视巡察管控力度，加强计量表箱铅封管理，研究新型防盗铅封，使表箱更牢固、更安全。

（2）加大日常台区线损管控力度。

1）利用计算机收费系统监测各条高压配电线路和公用变压器的线损率，及时发现线损异常情况。

2）做好统计线损率的计算和分析。

3）做好理论线损的计算、分析和推广理论线损的在线实测技术。定期召开线损分析会，逐条回路、逐台公用变压器进行统计、分析、比较。

4）通过加强管理，减少用电营业人员人为因素造成的电量损失。

5）从时间上对线损率变化情况进行纵向对比。

6）从空间上对线损率差异情况进行横向对比。例如某条线路或某台配电变压器的线损率和别的设备参数和运行工况类似的线路或配电变压器对比，若线损率明显偏高，则不必进行理论线损计算，可直接查找是否管理线损或窃电造成。

（3）加强小区或村庄日常监督检查力度，明确责任到人。

（4）积极开展反窃电宣传，从源头及时遏制窃电产生。

2 小孔之下别有洞天

⚙ 查处经过

××年3月，×供电公司对所辖57个重损台区进行线损治理，线损管理人员对这57个重损台区依次进行线损分析，逐台公用变压器进行统计、分析、比较。从时间上对线损率变化情况进行纵向对比，从空间上对设备参数和运行工况类似的配电变压器的线损率差异情况进行横向对比，排除了客户新增、计量点变更、电能表更换、客户销户，台区用电计量点变更，等可能造成的线损率升高的原因后，最终锁定6个高损台区进行反窃电摸排。

××年3月21日，台区经理黄×与用电检查人员张×携带现场视频记录仪、万用表、钳形电流表、证物袋、《用电检查单》《用电检查结果通知单》以及检查所需的个人工器具对其中一个高损台区××村1号变压器1号配电箱进行现场用电检查，当排查到8排1号箱时，发现该表箱铅封缺失。检查人员遂打开计量箱对箱内6块表计进行检查。

（1）检查电能表铅封是否被启封过，是否有破坏、更换迹象。

（2）检查电能表是否有脉冲闪烁、告警灯是否亮起。

（3）检查表壳是否完好，表盖及接线盒的螺钉是否齐全和紧固，电能表进出线是否固定良好。

（4）检查接线端子，有无错接、短接，注意导线有无被剥接过的痕迹。

（5）检查有无越表接线，既要注意检查进入电能表前的导体靠墙、交叉等较隐蔽处有无旁路接线，还要注意检查邻户之间有无非正常接线。

（6）检查私拉乱接，是指针对那些未经报装入户就私自在供电部门的线路上接线用电情况。

检查6块电能表铅封均在，外观无明显异常，无私拉乱接，绕越窃电行为。台区经理黄×认为8排1号箱没有问题，正准备重新加装计量箱铅封时，用电检查人员张×发现3号电能表位置不对，表身倾斜，正常情况下应垂直安装，倾斜角度应不大于1°。于是使用钳形电流表对其电流情况进行测量，测量结果相线电流4.23A，中性线电流4.21A，电流较大，然而观察电能表的脉冲闪烁十分慢，与其脉冲常数1200imp/（kW·h）不符。通过巡显按钮调出电能表当前电流读数，仅为0.01A。使用现场校验仪校验表计误差，误差达到了90%以上。显然电能表计量异常。张×电话通知工作人员调出该户用电信息采集系统用电量信息，查出该户从××年2月4日起，日用电量均小于2kW·h。张×使用抄表掌机未抄读出开盖记录，怀疑用户可能通过对电能表打孔或U形环等方式在接线端子内部短接相线进出线，达到分流窃电的目的。在重新对3号电能表外观进行手摸检查时，摸到在电能表外壳左侧有一处不平整的圆形凸起，仔细查看是将此处外壳破坏后又重新进行了粘贴打磨，使其不易被人察觉，如图1-2所示。

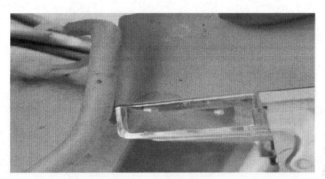

图1-2 疑似更改处

发现窃电异常后，台区经理及时通知客户赵×到达现场，出示工作证件亮明我方身份，再确认客户实际身份，并向其表明我方的来意和目的。然后向赵×展示电能表的电流数据、月用电量与电能表打孔处，并提供了自××年2月4日起用电量的数据截图与缴费记录。在证据面前，赵×承认了自己的窃电行为。台区经理随即对用户下达《用电检查结果通知单》，告知窃电事实清楚，确认签字并在规定时间内到营业厅补缴电费及违约使用电费。完成现场检查后，工作人员通知供电所内勤人员及时在营销系统发起窃电处理流程，并录入相关资料、证据等。确认窃电行为后，工作人员立即对现场终止供电，并将表计拆回检查。事后调查得知，赵×在××年2月结识流动收费改装电能表的，缴纳一定的费用后，就把电能表给打孔塞铜线短接。根据用户口述事情发生的时间，并同时比对用电信息采集系统，确认该用户于××年2月4日起开始电量明显减少，两方时间相符，确认该用户实际窃电时间为××年2月4日～××年3月21日，共计410天。

查处依据

此案例符合《供电营业规则》第一百零三条第五款规定，属于窃电行为，窃电量按照第一百零五条规定计算。

📖 **事件处理**

赵×电能表额定容量 1.1kW。每日用电时间照明用户按 6h 计算，共计 410 天。根据××省现行阶梯电价执行规定应追补电量未超出一挡使用电量，故按一挡电价标准计算电费：追补电量为 1.1×6×410＝2706（kW·h），追补电费为 2706×0.56＝1515.36（元），三倍违约使用电费为 1515.36×3＝4546.08（元），合计追缴为 1515.36＋4546.08＝6061.44（元）。

💡 **暴露问题**

（1）台区经理管理不力，该用户窃电时间长达一年以上，反映出台区经理计量装置巡视浮于表面，甚至有不作为的嫌疑。

（2）线损率治理不到位，对高损台区未做到逐户分析，未能及时筛查出零电量用户。

🔧 **防范措施**

（1）加强线损管理，做好统计线损率的计算和分析，做好理论线损的计算、定期召开线损分析会，逐条回路、逐台公用变压器进行统计、分析、比较。实行线损承包考核制度。

（2）加强现场计量装置巡视巡查管控力度。

（3）加强台区经理与用电检查人员的管理。

1）建立一套系统规范的用电检查管理办法。对检查程序、检查纪律和办事规则等进行规定和规范，做到有章可循，违章必究。

2）组织技术培训，提高营业人员的技术素质。

📱 **章节总结**

正因为窃电方法多种多样，面对成千上万的用电客户，如何找出窃电者，我们需要有的放矢。首先，我们的工作宗旨，是要通过检查，造成一种社会环境，使大家都不敢窃电。要长期坚持检查，教育个别，震慑其他想窃电的人。检查应做到有的放矢。不管用何种方法窃电，或是计量装置故障，最后表现出来的结果，都是电量损失，线损不合理。所以，通过线损"四分"分析，找出线损偏大的台区、线路，开展重点检查，才能事半功倍。当然，还包括举报检查，并结合本地线损情况、社会环境、风气等，开展普查。要做到缩小可疑电能表的范围、准确定位，线损分析要做细、做准。例如，台区线损细分至 A、B、C 各相或楼梯。在今后的反窃电工作中，大数据分析依然是我们强有力的处理手段。一般来说，应对于以下几种异常用电客户实施重点监控：①本月用电量为零，即零电量客户；②本月用电量较上月大幅减少，一般减少幅度超过 50%的客户；③本月用电量较前几个月平均用电量大幅减少的，减少幅度超过 30%的客户；④连续数月用电量均为零的客户；⑤从用电量异常减少月开始，对比前 3~4 个月平均用电量，连续数月均异常缩小的客户。

根据中华人民共和国国家发展和改革委员会令第 14 号《供电营业规则》第一百零三条，属于第四款故意损坏供电企业用电计量装置和第五款故意使供电企业用电计量装置不准或者失效。

窃电者需要打开电能表进行内部操作，为避免智能电能表产生开盖记录警报，窃电者多采用电能表开天窗，电能表打孔等方式破坏电能表。后台无法查到电能表的开盖记录，不易被发现。工作人员进行现场检查时首先要查看记录电能表显示电流，然后分别测量相线和中性线电流。若中性线相线电流值基本一致，而电能表显示电流明显小于二者，则可初步判断分流点在电能表内部相线进出线端子以上。确定了短路点后，再查看电能表有无开盖记录、封印是否完好、电能表外壳是否有损坏。

对于此类窃电，用电检查人员应熟练掌握辖区内客户用电负荷变化规律，充分利用电能量采集系统或负荷管理系统对客户用电负荷进行实时监控；同时要实时监控电能表开盖记录，做好数据分析。在这次事件中我们也看出单户窃电对台区线损率影响不大，线损管理人员不会及时发现窃电迹象，因此各台区经理要对自己管辖台区的用户、线损做到心中有数，及时捕捉到相关信息。

第二章

外部装置引起线损异常

1 狡猾硕鼠　终现原形

查处经过

××年7月公司开展线损治理重点难点问题攻坚行动，对辖区内的重点高损台区和高损线路开展集中治理。针对国家电网公司和省公司督办的重点高损台区和高损线路线损治理要求"一案一策"，对不同的情况制订不同的治理方案，组建专业团队对线损进行重点分析，找出重点、疑点客户，某35kV线路线损近年来持续居高不下，连续数月累计损失电量超百万千瓦·时，被定为线损攻坚的一号目标。

查配网图可看出该35kV线路为单馈线，线路实际接入的用电客户目前仍在用电和配网图显示只有两个。通过线路巡视确认实际挂接客户为两个，架空线路部分未发现新的接线点。与营销支持中心业扩班联系确认该线路近期不存在业扩报装新增客户。

经与电力调度部门联系确认该线路变电站内出线间隔内没有再并接其他的线路负荷，该线路运行正常，调度平台上未显示有接地信号；与变电运行部门班组联系确认该线路出线间隔近两年来没有停电施工、改造等工作；与计量中心班组联系确认该线路关口计量装置变比正确，电能表经现场校验确认计量误差在允许误差范围内，检查计量二次回路接线未见异常，由此可以判定该线路变电站关口计量装置电量计量准确无误。

进一步分别分析研判该线路挂接的两个用电客户，结合损失电量的大小，大型金属加工制造类企业××工贸有限公司被纳入重点监控检查范围内。电力营销业务应用系统（简称营销系统）显示该公司35kV电压等级报装运行容量为6300kVA，电流互感器变比为150/5，综合倍率为10500倍，计量装置安装位置在该公司厂区内。

××年8月确定重点检查对象之后，营销部联合计量中心、供电中心开展对该客户的现场用电检查工作，由于计量装置位于厂区内，检查人员到达厂门口后经过供电所客户经理与公司相应负责人联系之后开始进厂开展检查工作。

1）核对高压计量箱外壳喷涂的变比、资产编号等信息无误。

2）观察高压计量箱外观，箱体有封印，未发现明显故障或外力损毁的痕迹。

3）35kV一次侧接线未发现"打过线"等绕越计量装置的接线行为。

4）检查核对电能表箱封印发现现场封印与装表工单登记的封印相符，未见明显异常。

5）使用相位伏安表检查确认二次回路接线正确。

6）使用现场变比测试仪测量35kV一次电流，核对互感器实际变比无误。

7）现场校验确认电能表计量误差在允许误差范围内，电能表封印未见异常。

此次针对该客户开展的现场检查未发现违约用电或窃电的行为。但是现场与客户方人员沟通时了解到几个月之前由于疫情防控的原因，客户公司曾全面停产20余天。根据这一情况查询对应时间段内的该35kV线路线损数据，发现该客户停产的20余天里面，线路线损正常，平均每天的线损率不超过1%。由此进一步佐证了该客户存在计量异常的情况，仍需对该客户做更加仔细的检查，彻底查清线路高损的具体原因。

9月份结合第一次现场检查的经验，再次开展现场用电检查工作前，制订更加完备且有针对性的检查方案，准备更加完善的组织措施，做到细致周到不留任何死角盲区。首先，向公司主管领导汇报检查方案并征得公司领导的支持；其次，取得公司调度、运行、配电、供电中心、供电服务指挥中心、计量中心等部门的配合与支持；最后，联系公安机关、社区办事处、公证机构等第三方，做好现场检查过程、结果和相关证据的取证、留存、保全工作。结合公司变电站设备计划检修，该35kV线路停电的机会，提前组织安排供电中心、计量中心等人员并联系第三方公证机构，再次针对××工贸有限公司开展现场用电检查。

开展现场用电检查工作前，对现场工作人员的现场职责以及具体工作分工进行明确说明，现场安全措施布置、现场数据测量记录、现场检查结果取证固证、现场与用电客户工作人员的沟通解释等，具体工作明确到每个现场用电检查工作的参与人员。整理检查现场使用的仪器设备和工器具，保证变比测试仪、相位表、电能表校验仪、行为记录仪等仪器设备电量充足使用可靠，操作杆、安全带等安全工器具试验合格功能齐全，安全帽、工具等数量充足、配备齐全，检查所必需的各种手续办理完整齐备。

由于进入客户厂区前必须要先通知客户方相关负责人，为了避免客户故意隐匿消除窃电手段行为，在供电所客户经理联系客户方相关负责人之前使用巡线无人机飞至客户计量装置上方进行提前监控。开展现场检查以前首先验电布置必要的安全措施，然后开展检查工作。

1）打开电能表箱检查二次回路接线是否正确，有无被人为改动的痕迹。

2）仔细检查电能表，查看表计耳封是否有被打开的痕迹，检查电能表外观是否存在打开表盖的痕迹，使用掌机抄读电能表数据是否存在电能表开盖记录。

3）检查互感器到电能表箱的二次回路电缆是否有破损，是否存在人为改动的痕迹。

4）拆下表箱内的联合接线端子盒，检查端子盒是否存在人为改动的痕迹。

当翻过端子盒之后发现端子盒后盖左右不平，同时后盖边缘存在胶水二次黏连的痕迹，判断这个端子盒应该被撬开过后盖，并且改动过内部结构或加装有额外装置。发现疑点之后首先告知现场的第三方公证机构，要求他们着重对后续端子盒的进一步检查进行重点摄像拍照完整地记录之后的检查细节，为了便于后续同客户的解释沟通，邀请客户相关负责人一同到现场。撬开端子盒后盖以后发现端子盒内被人为加装两个很小的电子设备，分别焊接到 A、C 相电流回路当中，电子设备还连接有电路板和天线，可以肯定这就是客户为了窃电人为加装的控制器，通过遥控器远程控制短接电流二次回路，从而达到使电能表少计电量的目的，如图 2-1 所示。

图 2-1　疑似更改处

客户看到检查结果后，承认由于疫情影响，公司效益下滑。端子盒内的窃电装置是在今年春天，更换计费互感器和电能表箱的时候请人加装，每次碰到供电公司的人员前来检查，他都会提前使用遥控装置暂时恢复电能表的正常计量状态，规避供电公司工作人员的正常检查。承认自己的窃电手段和窃电全部事实，并在用电检查结果通知单上签字，同意接受供电公司处理。随后供电所向部门领导汇报检查结果，经领导同意后对该客户当场中止供电。

查处依据

此案例符合《供电营业规则》第一百零三条第五款规定，属于窃电行为，窃电量按照第一百零五条规定计算。

事件处理

综合比对该客户电能表的抄见电量和线路损失电量，查询营销系统计量装置更换工单判断，该客户开始窃电时间应为 4 月中旬，与客户承认的安装遥控器的时间基本吻合。根据线路损失电量扣除线路工况电量损耗确定该客户窃电量（根据理论线损值结合线路实际运行情况工况线损率按 3%考虑）。经过查询用电信息采集系统确认，该 35kV 线路××年 1～9 月的供、售、损电量见表 2-1。

表 2-1　　　　　　　　　××年 1～9 月供、售、损电量表　　　　　　　（kW·h）

时间	供电量	售电量			损失电量	线损率
		××工贸公司用电量	××物流分公司用电量	售电量合计		
1 月	1944761	1813560	65079	1878639	66122	3.4%
2 月	973826	855225	94255	949480	24346	2.5%
3 月	1499795	1357020	95837	1452857	46938	3.13%
4 月	1145958	732270	52199	784469	361489	31.54%
5 月	394317	106235	37492	143727	250590	63.55%
6 月	240920	27825	42042	69867	171053	70.99%
7 月	348900	70770	33901	104671	244229	70%
8 月	520196	137025	34034	171059	349137	67.12%
9 月	150912	42315	22050	64365	92056	61%

查询营销系统确定该客户 4～9 月各月一般大工业电价（35kV）执行电价见表 2-2。

表 2-2　　　　　　　　　××年 4～9 月执行电价表　　　　　　［元/（kW·h）］

时间	输配电费单价	直接交易电费单价	损益电费单价	各项代征费用单价合计	度电价单价
4 月	0.1892	0.4534	0.01047	0.028889	0.681959
5 月	0.1892	0.4534	0.00068	0.028889	0.672169
6 月	0.1892	0.4534	0.00656	0.028889	0.678049
7 月	0.1892	0.4534	0.02221	0.028889	0.693699
8 月	0.1892	0.4534	0.02446	0.028889	0.695949
9 月	0.1892	0.4534	0.00492	0.028889	0.676409

4 月应追补电费为 361489－（1145958×3%）×0.681959＝223075.79（元）。

5 月应追补电费为 250590－（394317×3%）×0.672169＝160487.40（元）。

6 月应追补电费为 171053－（240920×3%）×0.678049＝111081.65（元）。

7 月应追补电费为 244229－（348900×3%）×0.693699＝162160.47（元）。

8 月应追补电费为 349137－（520196×3%）×0.695949＝232120.65（元）。

9 月应追补电费为 92056－（150912×3%）×0.676409＝59205.16（元）。

××年 4～9 月应追补电费共计为 223075.79＋160487.40＋111081.65＋162160.47＋232120.65＋59205.16＝948131.12（元）。

根据《供电营业规则》第一百零四条的规定需对该客户追补三倍违约使用电费。

违约使用电费为 948131.12×3＝2844393.36（元）。

应收取补交电费以及违约使用电费合计总金额为 948131.12＋2844393.36＝3792524.48（元）。

暴露问题

（1）基层单位日常工作过于繁重，用电检查工作职能被弱化甚至被忽视，对辖区内用电客户的用电需求缺少主动关注，不了解用电客户的实际用电情况。

（2）用电客户计量巡视工作流于形式，现场巡视周期过长，无法及时发现现场计量设备的变化。

（3）高压专用变压器客户计量箱"设备主人管理制度"不健全，没有明确管理巡视主体单位，造成小问题无人管，大问题牵连全体受罚的现象。

（4）基层单位具备专业用电检查知识技能的人员力量严重缺乏，用电检查的仪器设备配备不足，对现有检查设备的功能和用途缺乏学习了解。

（5）对发现问题的过程，过于依赖专业支撑部门，遇到中压线损波动情况，一味等待专业支撑部门的分析结果，缺少发现问题、解决问题的主观能动性。

防范措施

管理措施：

（1）加强现场计量装置巡视巡查管控力度。

（2）严格落实各类计量表计现场核抄的工作要求。

（3）明确各类计量装置的管理管辖责任与要求。

（4）加强反窃电的宣传与打击力度。

技术措施：

（1）加强电能表箱封印管理，使用不易被伪造、开启的新型防盗封印。

（2）加强用电检查专业的知识培训，提升基层一线人员的专业水平。

（3）增加现有技术手段针对异常问题的筛查频次，及时发现问题、处理问题。

（4）配备充足的现场取证固证设备，提升电量计算的准确度，为窃电处理提供更全面的支撑。

2　自作聪明　高科技开盖记录露踪迹

查处经过

××年7月8日，××供电公司东区供电中心用电监察专责×××对高损台区进行数据筛查分析，利用用电信息采集系统"业务应用"模块对该台区用户的用电量情况进行逐一对比，在使用用电信息采集系统"采集业务"模块对电能表"事件"信息进行召测提取时，发现编码为××××××的电能表于××年1月8日有开盖记录。

××年7月8日下午，用电监察专责×××协同供电所台区经理办理完现场检查所必需的审批手续后携带现场视频记录仪、用电检查单、用电检查结果通知单以及检查所需的个人工器具对该客户开展现场用电检查，现场测量电能表电压、电流正常，而电能表脉冲指示灯一直不闪。检查人员对电能表封印进行了仔细察看，发现表体封印有破坏痕迹，于是立即找到该客户的负责人。

通知客户到达现场后首先亮明我方人员身份，再确认客户实际身份，向其表明我方的来意和目的，然后告知客户我们发现的现场疑点和初步检查数据，请客户陪同一起对表箱开展开箱检查，并对电能表实际运行环境、运行状况和运行数据进行测量记录。打开电能表前首先告知电能表厂家封印、强检封印、表尾封签均已被人为破坏，并对现场用执法记录仪进行拍照取证。检查人员把电能表打开进一步检查，发现该电能表内部安装了遥控接收装置，利用遥控器发射信号使该装置的触点闭合和断开，实现对电能表电流采样回路的控制，致使电能表少计或不计，如图2-2所示。

该行为属于高科技窃电中的遥控器窃电。客户在电能表内部安装遥控装置窃电不容易查出，随时可控制电能表的计量状态，当发现检查人员来检查时，

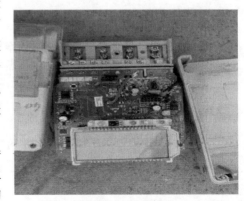

图2-2　疑似更改处

可遥控电能表使其正常计量。

现场进行了录像、拍照取证，该客户对窃电事实签字认可，并在用电检查结果通知单上签字，要求客户在规定的时间内到供电公司补缴电费并缴纳违约金。

事后，经过询问用户，用户承认在××年1月，通过互联网联系，网上下单后，有人到其住处为其电能表加载了遥控器装置，帮助其实施窃电行为。经核对用电信息采集系统的开盖记录时间，两方时间相符，确定该用户窃电时间为××年1月8日～××年7月8日，共计180天。

用户电能表额定容量1.1kW，因此在追补电量时按此额定容量电计算。

查处依据

此案例符合《供电营业规则》第一百零三条第三款和第五款规定，属于窃电行为，窃电量按照一百零五条规定计算。

事件处理

追补电量为 $1.1 \times 6 \times 180 = 1188$（kW·h）。

追补电费为 $1188 \times 0.568 = 674.78$（元）。

违约电费为 $674.78 \times 3 = 2024.34$（元）。

合计为 $674.78 + 2024.34 = 2699.12$（元）。

暴露问题

计量人员未做好数据监控工作，未及时发现该电能表"事件"记录中的开盖警告记录，导致半年后线损分析人员在进行高损台区治理分析时才发现该户的窃电行为。

防范措施

日线损监督体制不能流于形式，应做到波动必查。建立模块化、专业化的线损治理柔性团队。加强对线损系统、营销系统、用电信息采集系统的数据监控。及时关注事件记录，重点关注有窃电史的用电客户，做好疑似用户的用电量分析工作。

3 现场用上高科技 仔细巡视揭真相

查处经过

××供电中心整体线损率较以往有所升高，线损管理专责在对供电所的台区线损率进行筛查分析时。发现配×台区线损率较以往升高了两倍多。查询以往线损记录显示，××年8月之前台区线损率维持在3%左右，自××年9月起，该台区线损均为高损台区。通过电力营销业务应用系统（简称营销系统）查询，该台区近半年不存在客户新增、计量点变更、电能表更换、客户销户等工单，台区用电计量点无增加或减少情况；通过电力客户用电信息采集系统（简称电采系统）查询，不存在跨越台区调整计量点等情况，电能表自动采集成功率始终为100%，不存在手动调整电量的情况；沟通咨询供电服务指挥中心了解近期该台区未接到线路设备报修工单，也不存在因相邻台区或低压线路设备故障临时挂接相邻台区计量点的情况。排除无其他可能造成线损率升高原因后，通过用电采集系统查询该台区下辖154位用户××年1～12月及去年同期户日均电量值，经筛查发现某客户的用电量自××年8月底起日均电量值出现明显波动，仅为同时期用电量的20%左右。初步判断该客户为疑似窃电用户，通知供电所用电检查人员到现场对该户进行现场检查核实。

台区经理与用电检查人员携带现场视频记录仪、万用表、钳形电流表、证物袋、《用电检查单》《用电检查结果通知单》以及检查所需的个人工器具对其进行现场用电检查。开始实施现场检查之前，通过用电信息采集系统"采集业务"模块远程召测功能召测电能表实时电压、电流、功率等数据，得知该户目前的用电情况与之前没有明显变化，判断现在开展用电检查的时机可以，工作人员马上严格按照现场作业安全规范要求，做好必要的人身防护和安全措施。经台区经理现场检查后，发现该客户电能表出厂封印和检定封印存在外力破坏的痕迹，电能表表尾盖封印已经缺失，现场使用钳形电流表测得进线电流3A，出线电流3A，并且相线与中性线电流平衡，查看电能表屏幕显示的电流为0A，基本可判定该客户存在窃电行为。

台区经理及时通知客户到达现场，首先主动出示工作证件亮明我方身份，再确认客户实际身份，并向其表明我方的来意和目的，然后告知客户我们发现的现场疑点和初步检查数据，要求客户在场一起配合对电能表进行下一步检查，同时要求身边同时对检查过程进行录像拍照记录。随后将该电能表从表箱内拆下，打开电能表前首先告知电能表厂家封印、强检封印、表尾封签均已被人为破坏，并对现场在用执法记录仪进行拍照取证。检查人员把电能表打开进一步检查，发现该电能表内部安装了遥控接收装置，利用遥控器发射信号使该装置的触点闭合和断开，实现对电能表电流采样回路的控制，致使电能表少计或不计。

该行为属于高科技窃电中的遥控器窃电。用户在电能表内部安装遥控装置窃电不容易查出，用户随时可控制电能表的计量状态，当用户发现检查人员来检查时，可遥控电能表使其正常计量。

现场检查人员对现场进行了录像、拍照取证,该用户在《用电检查单》和《违约用电、窃电检查结果通知单》(见图2-3)上签字,对窃电事实予以认可,并同意接受供电公司的处理。现场检查人员要求客户在规定的时间内到供电公司补缴电费并缴纳违约金。之后用电检查人员将《用电检查单》和《违约用电、窃电检查结果通知单》连同现场检查的视频(见图2-4)一并上传反窃电平台,对该客户予以中止供电。

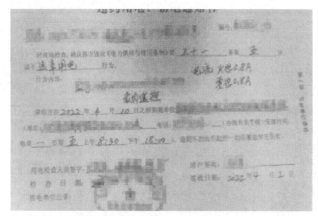

图2-3 违约通知书

图2-4 疑似更改处

事后,经读取电能表的开盖记录数据,确定该用户打开电能表安装遥控器窃电时间为××年6月13日至现场检查之日,共计302天。

用户电能表标定电流为5A,对应用电功率为1.1kW·h,因此在追补电量时按此功率计算窃电量。

⚙ 查处依据

此案例符合《供电营业规则》第一百零三条规定，属于窃电行为，窃电量按第一百零五条规定计算。

📖 事件处理

追补电量为 $5×0.22×6×302＝1993$（kW·h）。

追补电费为 $1188×0.568＝1132.02$（元）。

三倍违约使用电费为 $1132.02×3＝3396.06$（元）。

合计追缴为 $1132.02＋3396.06＝4528.08$（元）。

⚙ 暴露问题

（1）表箱巡视工作流于形式，现场巡视周期过长，对计量箱封印管理松懈，无法及时发现现场计量设备的变化。

（2）加强电采系统日线损监测，不能把日线损监督体制流于形式，应做到波动必查。

🔧 防范措施

（1）加强表箱日常巡视巡查管控力度，计量箱上的铅封要做到应装尽装，客观上杜绝用户擅自接线用电的可能性。

（2）加强日线损监测，不能把日线损监督体制流于形式，应做到波动必查。

④ 夜耗子猖狂 先进工具来治

⚙ 查处经过

××年2月，国网××供电公司示范区供电中心开展线损长期异常治理攻坚行动中，对一长期高损台区纳入重点监控治理清单开展分析治理工作。该台区位于示范区供电中心××供电所辖区内，为自建居民小区，小区内共有居民楼三栋，1号楼共有6个单元，2号楼有3个单元，3号楼有2个单元，共10个单元，每个单元10层楼20户居民。全台区共有用户200户，全部为单相居民用电。台区日均供电量1800kW·h左右，线损率在6～8波动，日损失电量100kW·h左右。

台区经理通过现场核对，挂接在该台区下的所有客户均无误，不存在户变关系挂接错误问题。台区下不存在三相电能表和光伏用户，基本排除系统档案错误

17

导致的台区线损异常可能后，分析人员将分析重点放在异常用电筛查上。

台区经理通过用电信息采集系统召测功能，对台区下电能表的开盖记录进行了统一召测，未发现有电能表存在开盖记录。对各电能表相线和中性线电流进行召测对比，也不存在有电流值偏差较大的情况。对台区全部用户电能表的反向有功电量进行连续多日监测对比，未发现有反向有功示数走字情况，排除有接线错误问题。对该台区用户近期用电量进行分析时发现有长期零电量用户 1 户。对台区线路进行了现场整体排查，未发现有外挂线窃电现象。又走访了零电量户，确认家中确实无人居住。

系统档案筛查和现场检查均没有收获，针对该台区的治理陷入瓶颈，示范区供电中心线损管理专责向市计量中心寻求技术支撑。市计量中心针对该台区情况，组织人员再次进行了深入分析，结合前期已分析结果，怀疑该台区可能存在墙埋或地埋线窃电的可能，隐蔽性较高，也不易发现。市计量中心正在对一基于 HPLC 模块深化应用开发出的线损分段分析治理工具（简称 LTU）进行试点应用。该工具利用 HPLC 模块间的微电流通信功能，配合安装在台区线路各分支、各表箱前的电流提取设备，可形成整台区分段、分表箱线损拓扑图，直观展示台区线损异常的精确位置。但该设备能否使用具有一定的限制条件，首先台区下电能表需全部换装成 HPLC 模块，其次台区线路需要具备分段电流提取装置的安装条件。计量中心专责首先组织人员进行了设备安装现场勘察。勘察确认，该台区现场电能表已全部升级为 HPLC 模块，台区各分支线路走径可明显分辨，具备分段电流提取装置的安装条件。决定对该台区进行 LTU 试点分析，安装了分析用相关设备。

经过 2 天的电流数据采录，生成了线路拓扑图（见图 2-5），生成了分段线损数据。数据显示，2 号楼 2 单元分支表箱中的电量损耗占该台区全部电量损耗的 40%左右（见图 2-6），基本可确定 2 号楼 2 单元分支表箱存在问题，窃电位置安装在该表箱的电量提取设备之后。工作人员对该表箱内电能表再次进行数据分析，依然未发现有异常情况，决定开展现场核查。

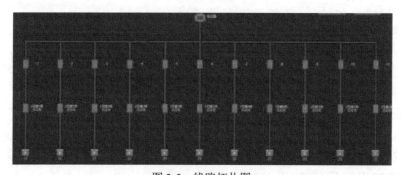

图 2-5　线路拓扑图

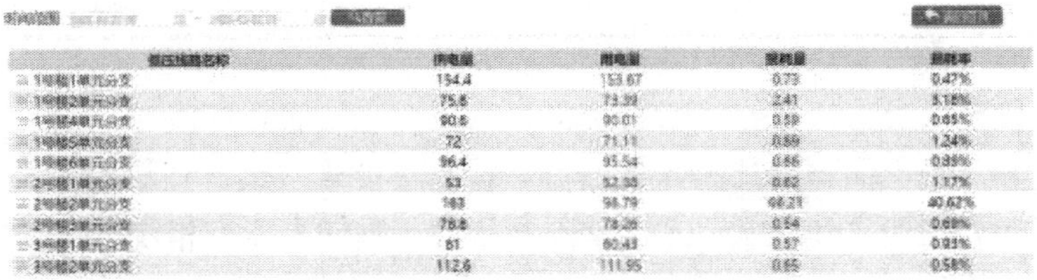

低压线路名称	供电量	用电量	线损量	线损率
1号楼1单元分支	154.4	153.67	0.73	0.47%
1号楼2单元分支	75.8	73.39	2.41	3.18%
1号楼4单元分支	90.6	90.01	0.59	0.65%
1号楼5单元分支	72	71.11	0.89	1.24%
1号楼6单元分支	96.4	95.54	0.86	0.89%
2号楼1单元分支	53	52.38	0.62	1.17%
2号楼2单元分支	163	98.79	66.21	40.62%
3号楼1单元分支	78.8	78.26	0.54	0.68%
3号楼1单元分支	61	60.43	0.57	0.93%
3号楼2单元分支	112.6	111.95	0.65	0.58%

图 2-6 电量表

现场检查前，检查人员按用电检查工作要求进行了工作准备，对现场工作人员的现场职责以及具体工作分工进行明确说明，现场安全措施布置、现场数据测量记录、现场检查结果取证固证、现场与用电客户工作人员的沟通解释等，具体工作明确到每个现场用电检查工作的参与人员。整理检查现场使用的仪器设备和工器具，保证变比测试仪、相位表、电能表现场校验仪、行为记录仪等仪器设备电量充足使用可靠，操作杆、安全带等安全工器具试验合格功能齐全，安全帽、工具等数量充足配备齐全，检查所必需的各种手续办理完整齐备。

到达现场后检查人员迅速布置现场安措开始检查测量工作。按反窃电取证要求，利用行为记录仪进行全程录像。首先观察现场计量箱外观无破损，箱门封印缺失，未发现明显故障或外力损毁的痕迹。查询系统确认该表箱存在施封记录，怀疑该表箱确实存在未经许可开启的情况。开箱后，对箱内设备进行了仔细检查，无明显外接线痕迹。拆除箱内导线盖板逐根检查，也未发现有外接点。测量表箱总相线和中性线进、出线电流也基本一致。测量表箱内电能表相线和中性线进、出线电流与表内相线和中性线电流对比，均未发现异常。表箱总相线进线电流也与各电能表相线进线电流基本一致。检查人员确认 LTU 设备安装无误且与拓扑图对应关系准确后，基本判断该处确实存在窃电点，但当前检查时间点并未进行窃电，所以未检查出异常。检查人员决定通过 LTU 确定窃电时间点后再组织进行现场检查。

通过 LTU 分析，印证了检查人员猜测，该表箱电量损失较大的时间段为晚间，白天基本无电量损失。分析人员在晚间 20 时对该表箱电能表再次通过电能信息采集系统进行了数据召测，发现用户李××所用电能表多次召测电流、电压均为 0，但白天召测中均示数正常，存在明显异常，决定开展现场核查。次日白天再次对异常电能表召测电流、电压示值，发现再次恢复正常，工作人员已经基本确认该户电能表存在异常且大概率安装有遥控装置。为确保现场锁定证据，检查人员决定在晚间异常发生时进行检查。检查人员分为后台数据组和现场检查两组，7 时 30 分，后台数据组通过电能信息采集系统再次召测到异常电能表电流、电压异常，立即通知在用户小区门口待命的现场检查组人员。现场检查做好现场检查准备后，再次到达现场开展检查。

本次检查人员直接找到待检查电能表，核对电能表资产编号正确，发现电能表封印完好，正反面与四周无开盖痕迹。检查电能表接线确认该电能表中性线、相线的进线和出线接线正常，连接紧固无松脱。测量电能表相线进线处电压显示236V，电流为1.88A。但电能表表显电压为0V，电流为0A，功率为0.4344kW，已基本确认电能表存在计量异常。现场通过掌机召测电能表开盖记录为0，电能表外观又不存在开盖痕迹。为了准确判断该异常属于电能表故障还是窃电，检查人员决定在用户本人见证下打开电能表确认，如图2-7所示。

检查人员对电能表电压、电流示值异常进行了拍照取证。通过台区经理联系客户联系人，通知客户到达现场后，首先向客户亮明我方人员身份，再确认客户实际身份，向其表明我方的来意和目的。随后向客户简单解释了电能表电压、电流示数异常，会造成计量失准，漏计电量。现在需要在用户本人见证下拆开电能表找到原因后，明确后续处理方案。在确定用户收到告知后，在其见证下打开了电能表，打开后发现电能表（见图2-8）内部加装有一遥控装置与电能表内部二次侧电压、电流回路连接，确认该户存在窃电行为。将所有情况告知用户后，当场根据检查情况开具用电检查通知单，并要求用户签字确认。在面对充足的物证情况下，用户最终在检查通知单上签字。

图2-7 电能表外观正常　　　图2-8 电能表内部加装遥控装置

检查人员现场对用户进行了停电，对裸露导线用绝缘胶带进行了包裹，对所在计量箱重新施加封印并将封印编号录入系统。通知用户约定时间到所辖供电所进行窃电处理后，即可恢复供电。

窃电处理中用户承认因小区未通暖气，冬季需要用空调制热取暖，为了减少电费支出，所以通过电话联系一人员对其电能表进行了改装，并支付了改造费用。改装人员告知其只在夜间打开以逃避供电公司监控。计量中心工作人员对改装电能表检查发现，改装人员通过加热的方式取下电能表屏幕保护罩后，用胶水粘贴固定开盖记录按钮，然后打开电能表进行改装，对电能表内部构造十分了解，手法十分隐蔽。工作人员将改装人员电话作为线索提供给公安机关调查，但因号码已停机且未实名认证，未查获相关线索。

查处依据

此案例窃电时间无法通过系统数据与用户叙述印证，无法单方面采信用户所说冬季取暖才开始使用的说法，所以无法确定窃电时间，以一百八十天计算。但窃电量同样无法确定。该户属于居民用户，每日窃电时间按 6h 计算。因客户家中所带空调及其他用电器总功率约为 10kW，运行时电流约为 45A，该案属于以其他行为窃电的，所窃电量按电能表最大标定电流值 50A 计算。追补电费按居民合表电价计算。

事件处理

追补电量为 $50A \times 220V \div 1000 \times 180$ 天 $\times 6h = 11880$（kW·h）。

追补电费为 $11880 \times 0.568 = 6747.84$（元）。

三倍违约使用电费为 $6747.84 \times 3 = 20243.52$（元）。

合计追缴为 $6747.84 + 6747.84 = 26991.36$（元）。

暴露问题

（1）对表箱巡视不及时，未周期性检查核对计量箱施封加锁情况。

（2）对于墙埋、地埋、隐蔽性改造等窃电手法的排查手段欠缺，查处时不易锁定线索，容易按计量异常等原因错误处理。

（3）对夜间电能表运行数据分析存在漏洞，因夜晚工作人员下班，对系统数据的监控比较薄弱，给了某些人可乘之机利用夜间空窗期进行窃电，加大了查处难度。

防范措施

（1）加强对计量设备的日常巡视，要着重检查封、锁情况，及时发现异常。

（2）要积极借助先进的现代化工具协助反窃电排查，该案中所利用的 LTU 工具，可将全台区线损划分到不同分支和表箱，缩小异常嫌疑区间，帮助工作人员更有针对性的排查具体异常。

（3）不定期开展反窃电夜查行动，对比日夜系统数据差异，及时发现利用夜间窃电用户。

5 手法再隐蔽　伸手必被抓

查处经过

××年5月×日，供电所工作人员在对辖区内用户负荷监控时，发现用户王×近三个月月均电量均维持在 20～25kW·h 且该用户年初刚在营业厅上报多人口用电，家中常住人口 6 人以上，该现象引起供电所工作人员警惕。随即通过电力营销业务应用系统（简称营销系统）查询用户客户用电报装容量信息、往月电量电费信息、计量装置配置信息、计量装置安装现场施封信息、电源信息、用电性质以及电价等信息。

利用电力用户用电信息采集系统（简称电采系统）"统计查询"模块的"基础数据查询功能"对比该用户近三个月的日用电量信息，同时通过查看对比每日的电流、电压、功率、功率因数等曲线数据，查找有无可疑的用电信息，对比营销系统查询的用电性质以及电价信息对比日负荷曲线，查找有无可疑的负荷信息。利用线损一体化平台对比中压日线损情况，查询线路中压线损波动情况。该用户所在台区供电量较大，从线损数值分析并无异常，需要现场检查计量表计查明原因。

台区经理办理现场检查所必需的审批手续，携带现场视频记录仪、万用表、钳形电流表、证物袋、《用电检查单》《用电检查结果通知单》以及检查所需的个人工器具对该重点疑似客户开展现场用电检查。开始实施现场检查之前，通过电采系统"采集业务"模块远程召测功能召测电能表实时电压、电流、功率等数据，得知该户目前的用电情况与之前没有明显变化，判断现在可以开展用电检查的时机，工作人员马上严格按现场作业安全规范要求，做好必要的人身防护和安全措施。

经台区经理现场检查后，发现计量箱并无铅封，立即拍照进行取证。找到王×电能表后，发现该电能表专用铅封有被动过的痕迹，铅封编号与营销系统记录编号不符，存在伪造封印嫌疑，随即对涉嫌伪造封印的电能表进行拍照取证。电能表后盖有被拆卸的痕迹，对比电采系统存在开盖记录。使用钳形电流表测量进、出线电流为3A 和0A，由于检查时间为晚上7：00，确认用户家中有人用电，此现象基本可推断该用户存在窃电可能。发现窃电异常后，台区经理及时通知客户到达现场，首先主动出示工作证件亮明我方身份，再确认客户实际身份，并向其表明我方的来意和目的，然后告知客户我们发现的现场疑点和初步检查数据，要求客户在场一起对表箱开展开箱检查，并对电能表实际运行环境、运行状况和运行数据进行测量记录。打开表箱前首先告知现场实际在用铅封丢失，并已对现场进行拍照取证。将电能表拆下，告知用户电表铅封编码与系统编码不符且有人为碰触的痕迹及开盖记录。拆开电能表进行现场检查，发现电能表内部加装了短

接电流回路装置，如图 2-9 所示，通过遥控器不定期短接电能表电流回路，从而达到电能表计量不准或不计的目的。加装无线遥控装置窃电，是在已有的窃电回路中加装自动投切装置，窃电者可随时随地使用遥控器对电能表进行远程操作，供电所工作人员来检查表计时，远程关闭，使电能表恢复正常计量；无人检查时，打开窃电装置，使电能表少计或不计量。

图 2-9　疑似更改处

用户在诸多事实面前只能承认窃电事实，因为家里人口较多，用电量巨大，经熟人介绍一家专门卖遥控装置的商家，购买了遥控窃电的装置，供电所工作人员进行表箱巡视时，远程遥控关闭窃电，等工作人员离开后继续窃电，为了不引起怀疑，固定一天正常计量，扰乱供电所工作人员视线。根据用户所诉安装窃电装置的时间，对比电采系统记录的开盖时间，确认该用户窃电时间为 2 月 1 日～5 月 1 日，共计 89 天，最终该客户承认了自己的窃电事实并同意接受处理。

台区经理随即对用户下达《用电检查结果通知单》，告知窃电事实清楚，确认签字并在规定时间内到营业厅补缴电费及违约使用电费。完成现场检查后，工作人员通知供电所内勤人员及时在营销系统发起窃电处理流程，并录入相关资料、证据等。

查处依据

此案例符合《供电营业规则》第一百零三条第二款～第五款，属于窃电行为，并按第一百零五条第二款计算所窃电量。

事件处理

经查询营销系统，该用户实际使用电量未超过阶梯第一挡，故追补电费时电

价按第一挡计算。

追补电量为 $5\times0.22\times6\times89=587$（kW·h）。

追补电费为 $587\times0.56=329$（元）。

三倍违约使用电费为 $329\times3=987$（元）。

合计追缴为 $587+987=1574$（元）。

暴露问题

（1）台区经理没有按时梳理用户用电负荷状况的习惯，导致出现遥控窃电这种极高的隐蔽手法窃电，无法第一时间发现问题。

（2）计量巡视流于表面，计量箱铅封是保护计量装置的第一道防线，铅封丢失如同为窃电者打开大门。

（3）电能表的安全性较低，容易被遥控器等窃电工具攻击。

（4）群众的反窃意识薄弱，对窃电这种恶劣行为认识不够。

防范措施

（1）加强现场计量装置巡视巡察管控力度，加强计量表箱铅封管理，研究新型防盗铅封，使表箱更牢固、更安全。

（2）多利用远程监控系统，对重点台区、重点用户实时监测电力使用情况，并及时发现异常情况。

（3）通过宣传教育活动，提高公众对反窃电的认识和意识，倡导合法用电和节约用电的行为。

事件总结

供电所在巡检和监管、电能表安全性等方面通过及时调查和采取防范措施，成功查处了窃电行为，并加强了对窃电行为的预防。

章节总结

通过加装遥控器窃电的形式较为隐蔽，仅通过外观检查判断较难发现，并且现场很难获取窃电行为的直接现场证据，手法隐蔽不易发现，可通过远程无线遥控，迅速改变电能表计量状态，判断客户窃电需要现场检查人员提前准备充足的支撑材料，建议设置专人对用电信息采集系统的电能表数据进行实时监控，关注电能表异常数据，及时治理电能表异常。与此同时我们还需要进一步提升监控系统，可更加及时有效地发现异常，预警窃电风险，最终保证电费颗粒归仓；同时需要做好供电服务事件报备工作，避免恶意投诉给公司带来负面舆情压力。

　　通过窃电案件查处发现，尽管近些年我们不断加大对违约窃电的检查打击处理的力度，但仍存在极个别人心存侥幸心理，跨法律法规的红线，行违法违规之作为。我们不仅要坚持重拳打击违约窃电行为，同时还需要加强电力法律法规的宣传普及工作，使更多人认识到电力是商品，公平买卖受法律保护，违法取得必受法律追究，努力营造安全用电、合规用电、节约用电的好局面。

　　对表箱的保护是我们防止窃电的第一道防线，加大研究新型防盗计量箱的力度，保护计量装置不受人为破坏能更大程度上防止窃电的产生；同时，多利用新媒体平台，通过短视频等新型手段来曝光窃电行为，让更多的人了解到窃电的危害，利用大数据系统对用户用电情况进行梳理，及时发现了问题所在。在今后的反窃电工作中，大数据分析依然是我们强有力的处理手段。

　　建议公司可制订切实可行的举报奖励制度，鼓励人民群众举报发现的可疑用电行为，发动全社会协助我们打击不法窃电行为。

第三章

电能表内部元件引起线损异常

1 红红火火生产场景下的黑暗

⚙ 查处经过

××年10月线损分析会材料显示×10kV线路中压线损指标异常，较上月和去年同期线损值偏高4%左右，要求属地供电单位和供电所尽快查明原因。

首先供电所通过线路巡视记录确认近期该线路无新增配电变压器台区，通过与业扩班沟通了解确认该线路近期无新增专用变压器客户，同时也没有专用变压器客户办理增容业务。咨询电力调度确认近期该线路未调整变更运行方式，也未临时增加供电线路扩大供电范围。咨询变电运维班组和计量装表接电班组确认该线路变电站内出线间隔未调整变更，线路考核计量装置无变更更换记录。

供电中心联系计量部门校验该线路关口计量装置，确定关口表计计量的准确度，供电所开展线路特巡排查有无线路故障、有无漏电放电迹象，通过巡视再次排查该线路的线变关系。经排查，关口计量装置变比无误、电量计算无误、线路的线变挂接关系无误、线路的供电范围和线路运行方式正确无误，初步排除供电公司内部原因造成的线损指标异常；然后通过电力用户用电信息采集系统（简称电采系统）的"统计查询"模块的"基础数据查询功能"对该线路供电的全部公用配电变压器关口考核表和高压专用变压器客户计费电能表的电流、电压、功率等数据进行查询分析，确定是否存在表计失压、失流的情况。经初步筛查分析未确定造成线损指标异常的原因。

通过沟通协调后，得到配电运维班组的配合，利用分段调整10kV配电线路运行方式的分段筛选，最终将排查范围缩小到某10kV分支线上的3个公用配电变压器和3个高压专用变压器客户。结合损失电量的数量，最终将重点检查目标锁定在1个高压专用变压器客户这里。

利用电力营销业务应用系统（简称营销系统）查询客户用电报装容量信息、往月电量电费信息、计量装置配置信息、计量装置安装现场施封信息、电源信息、用电性质以及电价等信息，为现场检查提供基础的客户资料信息。

通过查询该户为新型建筑材料生产企业，执行大工业用电电价，按容量计算基本电费，报装容量为 400kVA，通过电能表记录的最大需量值计算该户峰值负荷为 350kW。再次利用用电信息采集系统"统计查询"模块的"基础数据查询功能"对比该用户近三个月的日用电量信息，同时通过查看对比每日的电流、电压、功率、功率因数等曲线数据，查找有无可疑的用电信息，对比营销系统查询到的用电性质以及电价信息对比日负荷曲线，查找有无可疑的负荷信息。利用线损一体化平台对比中压日线损情况，查询线路中压线损波动情况。

安排人员前往现场勘查现场周边环境，了解该客户近期的生产经营状况，核实现场电器设备安装运行情况，初步制订现场用电检查的方式方案，以及相应的现场组织措施和现场技术措施，保障现场用电检查作业安全有序进行，准备开展现场用电检查的相关手续和工器具。

开展现场用电检查工作前，对现场工作人员的现场职责以及具体工作分工进行明确说明，现场安全措施布置、现场数据测量记录、现场检查结果取证固证、现场与用电客户工作人员的沟通解释等，具体工作明确到每个现场用电检查工作的参与人员。整理检查现场使用的仪器设备和工器具，保证变比测试仪、相位表、电能表校验仪、行为记录仪等仪器设备电量充足、使用可靠，操作杆、安全带等安全工器具试验合格功能齐全，安全帽、工具等数量充足配备齐全，检查所必需的各种手续办理完整齐备。

开始实施现场检查之前，通过用电信息采集系统"采集业务"模块远程召测功能召测电能表实时电压、电流、功率等数据，确定开展用电检查的时机，为避免客户阻挠检查或不配合检查，到达现场后迅速布置现场安措开始检查测量工作。

1）核对高压计量箱外壳喷涂的变比、资产编号等信息无误。

2）观察高压计量箱外观，箱体有封印，未发现明显故障或外力损毁的痕迹。

3）10kV 一次侧接线未发现"打过线"等绕越计量装置的接线行为。

4）使用变比测试仪测量 10kV 一次电流，计算实际用电负荷，同时用电信息采集系统远程召测电能表记录的二次电流、电压、功率、相位角的数据，粗略计算对应的一次负荷，大致判断电能表记录电量是否与实际用电量相符。

5）检查核对电能表箱封印发现现场封印与装表工单登记的封印不符，存在伪造封印的嫌疑。

6）使用现场行为记录仪对现场检查过程进行全程视频记录，对测量的 10kV 一次电流值进行拍照取证，对涉嫌伪造的表箱封印进行拍照取证。

经过检查可初步判断电能表箱内二次回路接线或电能表存在问题。

通过供电所联系客户联系人，通知客户到达现场后首先向客户亮明我方人员身份，再确认客户实际身份，向其表明我方的来意和目的，然后告知客户我们发现的现场疑点和初步检查数据，要求客户在场一起对表箱开展开箱检查，并对电能表实际运行环境、运行状况和运行数据进行测量记录。打开表箱前首先告知现场实际在用封印号与我方登记的封印号不符，并已经对现场在用封印进行拍照取证。

打开电能表箱后发现电能表表尾盖和联合接线端子盒盖封印已经被破坏，检查电能表表尾接线和联合接线端子盒进出接线正确，联合接线端子盒内 A、C 相电压连片接触良好、电流短接片分合正确，检查电能表屏幕显示各项数据与开箱前召测记录数据相符，进一步检查电能表上部表耳封，发现表耳封存在被人为撬动的痕迹，表耳封周围存在胶水残留。使用掌机现场读取电能表开盖记录，发现该电能表于×月×日××点××分××秒存在电能表开盖记录，开盖时长 9min，使用三相电能表现场校验仪现场校表确认现场安装表计慢 50%。

按现场校表确认表计慢 50% 的事实，结合电能表记录的最大需量数值以及现场测量的一次电流数据计算分析，该客户除私自改动电能表窃电的行为之外，应该还存在超容用电或私自增容的行为。通过在客户厂区厂房内排查确认，该客户在其新建厂房内私自增加一台 400kVA 变压器供其新增加的生产线使用。

通过现场检查确认，该户是通过故意使用电计量装置不准的方式，从而达到少计电量的目的；同时存在私自超过合同约定容量用电的违约行为，对现场检查情况及校验结果进行拍照取证后，填写用电检查结果通知单，告知客户具体的窃电行为和后续处理方式，抄读记录现场电能表的各项电量、需量数据，要求客户签字确认，限期接受处理，并对现场实施停电措施。通知用户如需要继续使用新增的 400kVA 变压器，则必须按新装增容办理相应手续。

客户看到检查结果后，承认近期由于效益较好订单增加，为尽快满足生产用电的需求，在未到我公司营业厅办理增容手续的情况下，私自投运新增变压器，同时为规避我公司通过电流、功率、最大需量值等数据分析发现异常用电情况，遮掩其私自增加变压器的行为，采用私自改变电能表内部电流采样元件的手段进行数据隐瞒，逃避我公司的系统稽查。对自己的窃电事实和私自增容的事实全部予以承认，并同意接受处理。

查处依据

此案例符合《供电营业规则》第一百零三条第二款、第三款、第五款属于窃电行为。

事件处理

　　窃电量计算依据电能表现场校验仪现场校表结果确认现场安装表计慢50%，根据现场读取的电能表开盖时间以及开盖时的电能表示值计算应追补电量，经客户确认截至被查处当天，私自安装的变压器实际投运时间共计 52 天，按天计算应追补的基本电费（营销系统查询该户运行电流互感器变比为 50/5）经过查询电采系统确认，该客户开始窃电时、月底 24 时、查处时的电能表有功示值为表 3-1。

表 3-1　　该客户开始窃电时、月底 24 时、查处时的电能表有功示值

示数类型	窃电伊始电能表示值	月底电能表示值	查处当天现场抄读电能表示值
正向有功总电量	286.43	355.98	386.03
正向有功尖电量	47.5	59.13	60.17
正向有功峰电量	62.91	75.87	86.27
正向有功平电量	103.96	127.53	138.64
正向有功谷电量	72.05	93.43	100.94
正向无功总电量	162.98	195.49	207.14

　　月底之前电能表抄读的各时段电量如下：

　　有功总电量为（355.98−286.43）×1000＝69550（kW·h）。

　　尖时段电量为（59.13−47.5）×1000＝11630（kW·h）。

　　峰时段电量为（75.87−62.91）×1000＝12960（kW·h）。

　　谷时段电量为（93.43−72.05）×1000＝21380（kW·h）。

　　平时段电量为 69550−11630−12960−21380＝23580（kW·h）。

　　无功总电量为（195.49−162.98）×1000＝32510（kvar·h）。

　　分别计算各时段窃电量如下：

　　总有功窃电量为 69550/50%−69550＝69550（kW·h）。

　　尖时段窃电量为 11630/50%−11630＝（kW·h）。

　　峰时段窃电量为 12960/50%−12960＝12960（kW·h）。

　　谷时段窃电量为 21380/50%−21380＝21380（kW·h）。

　　平时段窃电量为 69550−11630−12960−21380＝23580（kW·h）。

　　总无功窃电量为 32510/50%−32510＝32510（kvar·h）。

　　月底之后电能表抄读的各时段电量如下：

　　有功总电量为（386.03−355.98）×1000＝30050（kW·h）。

　　尖时段电量为（60.17−59.13）×1000＝1040（kW·h）。

峰时段电量为（86.27－75.87）×1000＝10400（kW·h）。

谷时段电量为（100.94－93.43）×1000＝7510（kW·h）。

平时段电量为30050－1040－10400－7510＝11100（kW·h）。

无功总电量为（207.14－195.49）×1000＝11650（kvar·h）。

分别计算各时段窃电量如下：

总有功窃电量为30050/50%－30050＝30050（kW·h）。

尖时段窃电量为1040/50%－1040＝1040（kW·h）。

峰时段窃电量为104006/50%－10400＝10400（kW·h）。

谷时段窃电量为7510/50%－75104＝7510（kW·h）。

平时段窃电量为30050－1040－10400－7510＝11100（kW·h）。

总无功窃电量为11650/50%－11650＝11650（kvar·h）。

通过营销系统查询确认窃电期间该客户市场化属性分类为普通代购用户，月底之前执行电价为：电网代理交易电费单价0.46763元/（kW·h），输配电费单价0.2052元/（kW·h）；月底之后执行电价为：电网代理交易电费单价0.47383元/（kW·h），输配电费单价0.2052元/（kW·h），查询营销系统确定窃电期间各月份的电价执行情况和尖峰平谷各时段的执行电价比，分别计算电费。

计算月底之前各时段应补缴电费如下：

尖、峰时段应补缴电费为（11630＋12960）×（0.46763＋0.2052）×1.57＝25975.47（元）。

平时段应补缴电费为23580×（0.46763＋0.2052）＝15865.33（元）。

谷时段应补缴电费为21380×（0.46763＋0.2052）×0.5＝7192.55（元）。

本月内私增变压器共运行27天，应追补基本电费为400×20/30×27≈7200（元）。

32510/69550≈0.4674，查表知对应的 $\cos\varphi$ 值为0.91，力调系数为－0.15%，力率调整电费为

（25975.47＋15865.33＋7192.55＋7200）×（－0.15%）＝－84.35（元）

计算月底之前应补缴电费小计25975.47＋15865.33＋7192.55＋7200－84.35＝56149（元）。

计算月底之后各时段应补缴电费

尖时段应补缴电费1040×（0.47383＋0.2052）×1.968＝1389.78（元）。

峰时段应补缴电费10400×（0.47383＋0.2052）×1.71＝12075.87（元）。

平时段应补缴电费11100×（0.47383＋0.2052）＝7537.23（元）。

谷时段应补缴电费7510×（0.47383＋0.2052）×0.47＝2396.77（元）。

本月内私增变压器共运行 25 天，应追补基本电费为 $400 \times 20/30 \times 25 \approx$ 6666.67（元）。

$11650/30050 \approx 0.3877$，查表知对应的 $\cos\varphi$ 值为 0.93，力调系数为 -0.45%，力率调整电费为

$(1389.78 + 12075.87 + 7537.23 + 2396.77 + 6666.67) \times (-0.45\%) = -135.30$

计算月底之后应补缴电费小计

$1389.78 + 12075.87 + 7537.23 + 2396.77 + 6666.67 - 135.30 = 29931.02$（元）。

应追补各项代征费用 $(69550 + 30050) \times 0.028889 = 2877.34$（元）。

共计需追补电费合计 $56149 + 29931.02 + 2877.34 = 88957.36$（元）。

其中包含追补超容基本电费 13866.67 元。

根据《供电营业规则》第一百零三条第二款和第一百零四条需对该客户追补三倍违约使用电费。

违约使用电费为 $88957.34 \times 3 = 266872.08$（元）。

应收取补交电费以及违约使用电费合计总金额为 $8957.36 + 266872.08 = 355829.44$（元）。

暴露问题

（1）基层单位日常工作过于繁重，用电检查工作职能被弱化甚至被忽视，对辖区内用电客户的用电需求缺少主动关注，不了解用电客户的实际用电情况。

（2）用电客户计量巡视工作流于形式，现场巡视周期过长，无法及时发现现场计量设备的变化。

（3）高压专用变压器客户计量箱"设备主人管理制度"不健全，没有明确管理巡视主体单位，造成小问题无人管，大问题牵连全体受罚的现象。

（4）基层单位具备专业用电检查知识技能的人员力量严重缺乏，用电检查的仪器设备配备不足，对现有检查设备的功能和用途缺乏学习了解。

（5）对发现问题的过程，过于依赖专业支撑部门，遇到中压线损波动情况，一味等待专业支撑部门的分析结果，缺少发现问题、解决问题的主观能动性。

防范措施

管理措施：

（1）加强现场计量装置巡视巡查管控力度。

（2）严格落实各类计量表计现场核抄的工作要求。

（3）明确各类计量装置的管理管辖责任与要求。

（4）加强反窃电的宣传与打击力度。

技术措施：

（1）加强电能表箱封印管理，使用不易被伪造、开启的新型防盗封印。

（2）加强用电检查专业的知识培训，提升基层一线人员的专业水平。

（3）增加现有技术手段针对异常问题的筛查频次，及时发现问题、处理问题。

（4）配备充足的现场取证固证设备，提升电量计算的准确度，为窃电处理提供更全面的支撑。

2　自作聪明巧更换　火眼金睛辨真伪

查处经过

××年 2 月 10 日，国网××供电公司东区供电中心×村供电所郁××，在对其辖区森林半岛 1214 台区进行线损统计时发现高损，如图 3-1 所示。

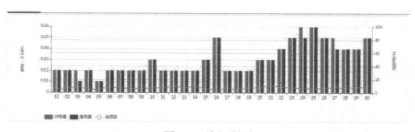

图 3-1　线损率图

通过分段计算，确认其高损部分出在 45～52 号计量箱之间，随即在用电信息采集系统中对这 8 个计量箱的 64 位客户进行电量比对，发现第 47 号计量箱中的用户李××电能表自××年 11 月 13 日起，电量突减，同时比对其去年同期电量趋势如图 3-2 所示，用户同期电量趋势图与该台区损失电量趋势图高度一致，疑似窃电。

通知供电所台区经理闪××进行现场检查，现场检查第 47 号计量箱未加载供电公司铅封，询问台区经理得知该台区因用电信息采集人员前期更换采集模块，开箱后因临时铅封用完，后期忘记补封至今未加载，检查疑似用户李××电能表时发现进出线电流异常，其后对其电能表外观检查时发现电能表铅封编号与登记编号不符，有明显伪造痕迹，怀疑用户私自伪造铅封，通过破坏电能表表内元件实施窃电，如图 3-3 所示。

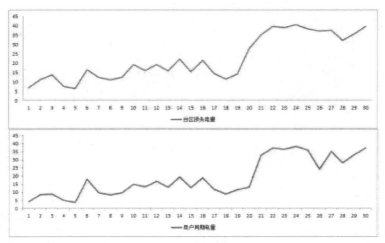

图 3-2　线损曲线图

通知客户到场后，经询问，客户承认因该小区尚未集中供暖，临近冬季因担心通过空调供暖后电量激增，观察电能计量箱并未加封，经人介绍认识会更改表内计量的商××，于 2021 年年底伪造铅封，对其电能表内部元件进行更改，使得计量失真，从而达到窃电的目的。随后，台区经理与用户一起将电能表送至第三方检测机构，经检测，其电能表内部电流元件短接，如图 3-4 所示，电能表无法正常计量，损失电量 66.7%。

图 3-3　伪造铅封

图 3-4　内部电流元件短接

因用户无法准确回忆具体更改电能表时间，窃电时间从用电信息采集系统中电量突减日期开始，共计 90 天。

对该用户进行更换表计后，通过用电信息采集系统再次进行线损统计，该台区线损率正常，如图 3-5 所示。

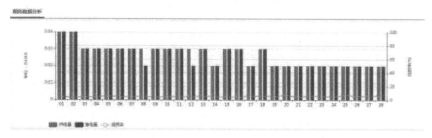

图 3-5　线损率图

🔧 查处依据

本案例符合《供电营业规则》第一百零三条规定，属于窃电行为，窃电量按照第一百零五条计算。

📖 事件处理

追补电量为 $5 \times 0.22 \times 6 \times 90 = 594$（kW·h）。

追补电费为 $594 \times 0.568 = 337.39$（元）。

三倍违约使用电费为 $337.39 \times 3 = 1012.17$（元）。

合计追缴为 $337.39 + 1012.17 = 1349.56$（元）。

💡 暴露问题

（1）日线损统计情况波动反应不及时，线损率虽然偏高，但是因用户窃电初始阶段尚属于用电低峰期，损失电量尚不明显，致使窃电行为未能及时发现并予以制止，造成电量缺失。

（2）现场封印管理制度流于形式，现场施工人员加封意识淡薄，客观上给用户窃电行为造成可乘之机。

🔧 防范措施

（1）线损统计不能流于形式，对波动要及时响应。

（2）现场封印管理制度要落实到位。

3　别动手　瞬间就会被发现

⚙ 查处经过

××年×供电所针对供电所劳动竞赛失分指标开展分析会，通过与供电所劳动竞赛排名靠前的兄弟单位对比，查找自身不足和弱项指标，努力提升供电所劳动竞赛排名。会上针对台区线损指标进行细致的分析，列出重点台区制定具体降损方案，责任到人横向合作，与台区经理签订线损治理责任书，明确线损治理成果目标。

4 月，台区经理对自己的责任台区开展数据准备和数据初步分析，发现×台区月度线损偏高，日线损存在波动，一月内多数时间日线损在正常范围内，少部分时间日线损呈现突增现象且日高损时间不固定。查询台区卜计量点信息看到，该台区为混合台区，农村居民照明客户 62 户，农业生产用电 5 户，农业排灌用电 3 户，商业用电 2 户，分布式光伏发电客户 8 户，台区考核表下售电侧结算和上网关口计量点 88，其中单相电能表 69 只，三相表 15 只。近半年新装电能表 4 只，全部为分布式光伏新增客户。近一年新装电能表 7 只，其中，6 只为分布式光伏新增客户，1 只为商业用电新增客户，1 只为农业生产用电。全部 84 只电能表正常走字电能表 62 只，近半年零电量表计 13 只。

台区经理首先组织人员对该台区进行细致的普查，逐一核对电能表资产信息，核对户变挂接关系，一轮结束之后未发现挂接错误，未发现"黑表""黑户"，不存在私自接线现象。利用用电信息采集系统召测电能表事件功能，查询电能表开盖记录，全部电能表未发现有开盖记录。再次组织人员逐表箱开展表箱能计量接线检查，未发现改表、改线等窃电行为。

通过向上一级管理单位申请，对该台区现场加装 LTU（台区分段检测单元）和 SAU（台区智能管理单元）开展台区线损分线、分段、分箱计算，从而缩小线损治理的排查范围。通过加装设备一段时间的观察计算，成功将排查范围缩小至×400V 分支线后半段，该段线路挂接居民表箱 6 位居民表箱 1 个、三相农业生产用电客户 1 个（养殖户）、三相农业灌溉用电客户 1 个。针对这 8 户用电情况同日线损率进行逐户比对分析，通过排除法将重点监控目标锁定在三相农业生产用电客户（养殖户）这里。原因一，查询该客户用电量情况，近一年来采集系统显示该电能表未走字，营销系统显示该户用电量为 0，同时一年内无缴费记录。这与该客户的实际经营现状不符；原因二，该客户通过私自扩建的手段将原本在院外的计量表箱圈围至自己院内，使得用电检查人员不便开展检查；原因三，该客户存在一址多户情况，该三相表报装信息显示，实际负荷为饲料加工，用电特性与日线损波动情况具有可关联性。

确定具体疑似窃电目标客户以后，台区经理安排专人对该客户进行用电情况监测，同时准备随时对其开展现场用电检查，开展现场用电检查工作前，对现场工作人员的现场职责以及具体工作分工进行明确说明，现场安全措施布置、现场数据测量记录、现场检查结果取证固证、现场与用电客户工作人员的沟通解释等，具体工作明确到每个现场用电检查工作的参与人员。整理检查现场使用的仪器设备和工器具，保证变比测试仪、相位表、电能表现场校验仪、行为记录仪等仪器设备电量充足使用可靠，操作杆、安全带等安全工器具试验合格功能齐全，安全帽、工具等数量充足配备齐全，检查所必需的《用电检查单》和《违约用电、窃电检查结果通知单》等各种手续办理完整齐备。

待×日该客户开始加工饲料时，台区经理联合公安人员迅速前往现场开展用电检查，到达现场后发现电能表箱封印已被破坏，表箱内三相电能表电压连片全部处于失效状态，电能表处于三相失压状态（全部不计量）。现场检查人员对现场检查过程以及窃电行为进行全程摄像取证，并对电能表现状和实际用电设备、运行情况进行拍照取证。要求客户在《用电检查单》和《违约用电、窃电检查结果通知单》上签字确认，之后经汇报单位领导对该客户当场中止供电。对窃电客户移交公安机关依法进行处理。图 3-6 为窃电现场照片。

图 3-6　疑似更改处

查处依据

此案例符合《供电营业规则》第一百零三条规定，属于窃电行为，窃电量按照第一百零五条计算。

事件处理

结合该客户用电报装时间和台区线损异常开始时间，可判定台区高损的原因确为该客户窃电导致。查询该客户报装后台区的日线损电量减去正常损失电量，确定该客户的实际窃电量，经逐日计算在该客户报装装表接电之后，台区非正常累计损失电量 15662kW·h，即客户累计窃电量 15662kW·h。

查询营销系统确认该客户执行电价为农业生产电价（＜1kV）0.4842 元/（kW·h），计算应追补电费为：

追补电费为 15662×0.4842＝7583.54（元）。

三倍违约使用电费为 7583.54×3＝22750.62（元）。

合计追缴为 7583.54＋22750.62＝30334.16（元）。

暴露问题

（1）用电信息采集系统应用频率不足，未每日登录电采系统进行分析，及早发现。

（2）表箱巡视不到位，未能及时发现表箱中存在的问题。

防范措施

（1）加强日线损监测，不能把日线损监督体制流于形式，应做到波动必查。

（2）加强表箱巡视进度和力度，强化客户经理责任意识。

4 破坏一时爽　处罚愁断肠

查处经过

按照公司反窃查违工作方案及具体实施步骤，在全市范围内全面开展一次窃电隐患现场排查。市县所属全部供电所，根据属地高发窃电行业及典型窃电手段，制订针对性监测排查措施，组织开展全量摸排，加强跨专业巡查协作，组织用检、计量、采集、线损、配电等专业在日常巡视过程中搜集窃电线索，实现线索应录尽录。广泛收集外部窃电线索，重点做好高压线损联动分析与历史用电量趋势比对，针对水泥、化工、钢铁等高耗能企业，结合实际生产情况研判电流电量数据合理性，严查快处一批违约窃电客户，全面改变线损工作的不利局面。

根据本次专项行动部署排查阶段的具体安排，充分应用采集系统及反窃电监控平台，首先对全市中压配电网线路进行摸排，对线变关系进行仔细核对，对重点高损线路开展全面线损分析，逐项落实各个环节参数指标，对重点客户加强采集数据监控，线上研判定位疑似窃电用户；系统梳理既往检查中发现的可疑信息、隐蔽线索，并逐一开展核查评估，为精确打击做好准备。

通过初步用电情况监控以及用电数据筛查，首批确定 6 条 10kV 配电线路共计 7 个专用变压器客户作为重点检查目标客户。确定目标以后安排专人一对一紧盯目标客户。

首先利用营销业务应用系统对核实确认用电客户基础信息，确认客户电能表信息、互感器信息、近几个月的用电量情况、缴费情况、用电性质、上一次计量装置更换或检查后现场施封登记记录等信息，便于现场检查时核对。

利用用电信息采集系统"统计查询"模块的"基础数据查询功能"对比该用户近几个月的日用电量信息，同时通过查看对比每日的电流、电压、功率、功率因数等曲线数据，尽可能查找确认发生计量异常的开始时间，查询发现近三个月内该客户始终存在 C 相电压失压的情况（电流不为零，电压明显低于正常值），但无法查询 90 天之前的电流、电压、功率、功率因数等曲线数据。

由于用电信息采集系统权限设置的原因，普通 PC 端只能查询到最近 3 个月的各项曲线数据，通过向省电力公司用电信息采集系统项目组提交调取数据的申请，由项目组从系统数据库调取该客户从现运行电能表安装第二日开始至今的电流、电压、功率、功率因数等曲线数据，通过分析比对调取的数据库数据发现该客户 C 相电压于×日发生压降之后再无恢复。

经与供电所客户经理沟通了解，该客户近几年未发生高压设备故障（至少是发生设备故障以后未通知客户经理，客户自行维护维修），不存在检修过程中造成计量回路接线错误的可能性。

由此得出结论：

（1）现场运行计量装置发生设备故障，需要通过对现场运行计量装置进行检验，确定设备是否存在故障。

（2）造成此次计量异常工单的原因为人为故意，存在人为窃电的可能。

开展现场用电检查工作前，对现场工作人员的现场职责以及具体工作分工进行明确说明，现场安全措施布置、现场数据测量记录、现场检查结果取证固证、现场与用电客户工作人员的沟通解释等，具体工作明确到每个现场用电检查工作的参与人员。整理检查现场使用的仪器设备和工器具，保证变比测试仪、相位表、电能表现场校验仪、行为记录仪等仪器设备电量充足使用可靠，操作杆、安全带等安全工器具试验合格功能齐全，安全帽、工具等数量充足配备齐全，检查所必需的各种手续办理完整齐备。

开始实施现场检查之前，通过用电信息采集系统"采集业务"模块远程召测功能召测电能表实时电压、电流、功率等数据，确定开展用电检查的时机，为避免客户阻挠检查或不配合检查，到达现场后迅速布置现场安措开始检查测量工作。

1）观察现场计量箱外观无破损，箱门封印缺失。

2）核对高压计量箱外壳喷涂的变比、资产编号等信息无误。

3）观察高压计量箱外观，箱体有封印，未发现明显故障或外力损毁的痕迹。

4）通过测量高压计量进出线电流，大致判定现场实际在运负荷功率，同时用电信息采集系统远程召测电能表记录的二次电流、电压、功率、相位角的数据，粗略计算对应的一次负荷，大致判断电能表记录用电参数并做好测量记录。

5）使用现场行为记录仪对现场检查过程进行全程视频记录，对测量的10kV一次电流值进行拍照取证。

通过供电所联系客户联系人，通知客户到达现场后首先向客户亮明我方人员身份，再确认客户实际身份，向其表明我方的来意和目的，然后告知客户我们发现的现场疑点和初步检查数据，要求客户在场一起对表箱内开展开箱检查，并对电能表实际运行环境、运行状况和运行数据进行测量记录。打开表箱前请客户确认现场表箱封印已经缺失，并已对现场封印现状进行拍照取证。

打开电能表箱后发现电能表表尾盖和联合接线端子盒盖封印已经被破坏，联合接线端子盒内C相电压短接片被人为断开，测量联合接线端子盒内A、C相电压进线侧，电压均为100V。测量电能表表尾A相电压100V，C相电压0，测量表箱内A、C相二次电流回路电流值基本平衡，使用相位伏安表测量电压电流夹角并对以上测量数据进行记录留证，如图3-7所示。

图 3-7　疑似更改处

通过现场检查确认，该户是通过断开联合接线端子盒内 C 相电压短接片的方法，使二次电压回路形成断线的方式，故意使用电计量装置少计电量，属于窃电行为。对现场接线情况进行拍照取证以后，填写用电检查结果通知单，告知客户具体的窃电行为和后续处理方式，要求客户签字确认，限期接受处理，并对现场实施停电措施。

客户看到检查过程和结果后，经用电检查人员耐心宣传讲解，最终客户认识到窃电是违法行为，同时窃电也存在巨大的安全隐患。客户同意接受供电公司的处理结果。供电所服务人员填写《用电检查结果通知单》之后由客户负责人签字之后，经汇报单位负责人并经批准之后，现场对该客户采取中止供电。

查处依据

此案例符合《供电营业规则》第一百零三条第二款、第三款、第五款属于窃电行为。

事件处理

查询用电信息采集系统确认失压发生时电能表有功总示数为 2021.72，现场检查时电能表有功总示数为 2526.63，该户计量装置综合倍率为 400 倍。

查询营销系统的抄表及电费核算记录确定在正常情况下平均功率因数 $\cos\varphi = 0.99$。

根据现场检查实际测量的数据（现场实测数据见附图）分析计算失压情况下的更正系数 K。C 相保电压连片断开，所以计算时不考虑电能表的第二组计量元件，仅考虑第一组计量元件进行计算，现场测量结果显示第一组计量元件相位角 $U_{12}I_1 = 25°$（即 $30° + \varphi' = 25°$）

$$\cos(30° + \varphi') = \cos 25° = 0.90 K = P / P'$$
$$= \sqrt{3}UI\cos\varphi / \left[UI \cos(30° + \varphi') \right]$$
$$= \sqrt{3}\cos\varphi / \left[\cos(30° + \varphi') \right]$$
$$= \sqrt{3} \times 0.99 / 0.90$$
$$= 1.905$$

根据电采系统查询到的电能表起止示数计算应追补有功电量为

$(2526.63 - 2021.7) \times 400 \times (1.905 - 1) = 182784$（kW·h）查询营销系统确认该客户执行电价为城镇居民生活电价。

$1 \sim 10$kV 为 0.529 元/(kW·h)，计算应追补电费为 $182784 \times 0.529 = 96692.74$（元）。

三倍违约使用电费为 96692.74×3＝290078.22（元），合计追缴为 96692.74＋290078.22＝386770.96（元）。

🔅 暴露问题

（1）对用电信息采集系统应用力度不够，未能做到每天分析，及时发现，及时制止。

（2）对专用变压器户巡视频次不够，未能及时发现用户私自更换铅封。

✋ 防范措施

（1）加强用电信息采集系统的应用，对线损存在异常的台区线路，及时进行分析，做到早发现早制止。

（2）加大对专用变压器户巡视频次，及时发现用户的窃电行为并进行制止。

5 小小电阻遭破坏　火眼金睛找出来

⚙ 查处经过

××年 4 月 21 日，国网××供电公司营销部计量专责朱××接到国网××省电力公司反窃电项目组下发的疑似异常用电用户线索。线索显示国网××供电公司东区供电中心辖区××台区一客户王××可能存在异常用电行为，电能表中性线、相线电流异常，系统判定疑似度 98%。朱××通知东区供电中心用电监察专责蔡××及台区经理张××一同开展现场直查。

现场检查中发现该客户电能表所在表箱封印完好，开箱后找到对应电能表。现场对电能表相线进线电流进行测量显示为 0.48A，表显相线电流 0.198A，误差为－58.75%。观察发现电能表顶部灰尘较多，有人手触碰后遗留下的痕迹。电能表前后盖缝隙较大，如图 3-8 所示。侧面合格证贴纸有撕下再次粘贴痕迹，如图 3-9 所示。当检查到电能表背面时，发现背面螺钉孔中塑料已被破坏，如图 3-10 所示，露出内部螺钉，确定该电能表存在开盖情况。通知内勤人员在用电信息采集系统中召测确定电能表在××年 11 月 23 日有开盖记录。台区经理通知用户到达现场后，对现场情况进行简单说明，用户承认窃电行为并在违约用电通知书上签字。

台区经理将异常电能表拆下后送市计量中心检定，检定该电能表后确定误差为－59%。对该电能表拆解观察后发现电能表主板上有电阻被破坏，如图 3-11 所示，造成电能表少计电流，达到窃电目的。

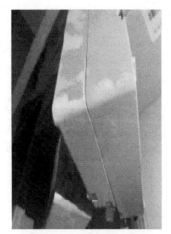
图 3-8　疑似更改处（一）

图 3-9　疑似更改处（二）

图 3-10　疑似更改处（三）

图 3-11　疑似更改处（四）

事后处理中，用户只承认窃电是从××年 11 月开始，但台区经理确定表箱上的铅封是在××年 5 月开展计量箱巡视时重新施加。在用电信息采集系统开盖记录这一直接证据证明下，用户最终承认在 2018 年通过互联网联系，有人到其住处对其电能表进行了改装，帮助其实施窃电行为，与用电信息采集系统中开盖时间基本相符，确定该用户窃电时间为××年 11 月 23 日～××年 4 月 21 日，共计 1610 天。

该用户所在台区供电量较大、用电量较小，造成台区线损在××年 3 月前为 3.8%左右，未引起台区经理重视，窃电处理后该台区线损下降至 2.59%。

查处依据

本案例符合《供电营业规则》第一百零三条规定，属于窃电行为，窃电量按照第一百零五条计算。

📖 事件处理

此案例窃电用户对电能表内部弱电部分进行改造破坏，电能表误差相对稳定。电采系统中可查询到用户 2018 年 11 月 23 日开盖时示数为 1893，2023 年 4 月 21 日示数为 6532，可按误差计算出用户漏记电量。

追补电量为（6532－1893）÷（1－59%）－（6532－1893）=6676（kW·h）。

追补电费为 6676×0.568=3791.97（元）。

三倍违约使用电费为 3791.97×3=11375.91（元）。

合计追缴为 3791.97＋11375.91=15167.88（元）。

💡 暴露问题

（1）对线损正常台区缺乏异常用电常态化监控，存在漏网之鱼。

（2）对隐蔽手法窃电缺乏有效监控手段。

🔧 防范措施

（1）加强计量设备巡视，落实表箱、电能表施封加锁，并做好记录。

（2）有效利用大数据分析工具，高效筛查电能表电量异常数据，能有效发现异常用电行为。常态化开展台区电能表开盖记录召测，及时发现违法改造、破坏电能表行为。

6 彩票吸引来的"好运气"

⚙ 查处经过

××年 6 月 23 日，国网××供电公司线损管控项目组对国网××县供电公司××2 号台区开展线损异常原因分析过程中，发现台区下一低压单相客户许××电能表电流异常，疑似存在异常用电行为。线损管控项目组通知国网××县供电公司营销部秦××、祝×开展现场检查。

现场检查中发现该用户电能表所在表箱封印缺失，开箱后找到对应电能表。现场对电能表相线进线电流进行测量显示为 0.35A，表显相线电流 0.16A，误差为－54.29%。观察发现电能表封印均完好，不存在开盖痕迹，电能表表尾完好，接线紧固无虚接。用掌机对电能表召测分析，并无开盖记录。对电能表接线进行检查，未发现共零情况，也不存在外接线和短路点。正当检查一筹莫展之际，祝

××注意到该电能表背部粘贴有一张破损的彩票（见图 3-12）且粘贴极为牢固。经

图 3-12　背面粘贴一张彩票

仔细观察触摸，发现彩票下与周围存在高度差，怀疑该处被打孔进行内部改造。检查人员当即通知用户到达现场，并邀请村委会人员作为第三方见证人，在简单说明情况并征得各方认可后，对该电能表开盖。开盖后发现彩票下确为打孔点（见图 3-13）且后期进行了封堵并用彩票粘贴遮挡。开孔后对电能表内部进行了改造，用一铜片将相线进出线接线端子进行了短接（见图 3-14），以达到分流窃电的目的。后盖开孔避开了开盖传感器，使电能表不会产生开盖记录。使用较大的铜片短接可提高分流效果，

使电能表误差更大。可见改装者极其专业，对电能表内部结构和运行原理极为了解。在确凿的证据面前，客户承认了窃电行为并在《违约用电通知书》上签字。

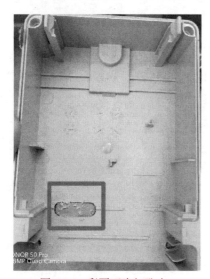

图 3-13　彩票下为打孔点

图 3-14　铜片将进出线短接

彩票上的时间可模糊地看出是××年的彩票，但在事后处理中，客户对××年开始窃电的说法不认可，因无相关的开盖记录，现场表箱也并未施封加锁，在没有确切证据下，无法断定用户具体窃电开始时间。

该客户所在台区线损率长期处于 4% 以下，但因 6 月份天气炎热，台区线损率升高至 4.5%，线损电量高于 3000kW·h，纳入重损台区监控治理清单，经线损管控项目组分析后才发现这一异常用电行为。

查处依据

此案例窃电时间和电量均没有依据证明计算，该窃电行为属以其他行为窃电。根据《供电营业规则》规定，按照电能表标定电流值 5A 进行容量计算。窃电日数至少以一百八十天计算。该客户属于照明用户，每日窃电时间按 6h 计算。

事件处理

追补电量为 $5 \times 220 \div 1000 \times 6 \times 180 = 1188$（kW·h）。

追补电费为 $1188 \times 0.568 = 674.78$（元）。

三倍违约使用电费为 $674.78 \times 3 = 2024.34$（元）。

合计追缴为 $674.78 + 2024.34 = 2699.12$（元）。

暴露问题

（1）对表箱管理不严格，表箱不施封加锁，相当于为窃电者敞开大门，同时在进行窃电处罚时缺少一项重要的窃电时间确定依据。

（2）《供电营业规则》针对无法确定窃电时间的处罚标准较低，已不适应当前经济社会发展。

（3）对线损较低台区的异常用电行为关注度较低。

（4）现阶段的窃电手段，已经在向着专业化、隐蔽化方向发展。

防范措施

（1）加强计量设备巡视，落实计量箱、电能表施封加锁，并做好时间记录。

（2）要加强台区线损监控力度，台区线损率异常波动或提高时，除了要排除天气引起的用电量变化产生的影响外，还要对台区下用户用电情况进行分析，及时发现异常用电行为。

7 电能表"开天窗" 焊锡短接电流采样回路

查处经过

××年××供电公司按省电力公司要求开展计量箱巡视任务，要求各供电所对辖区内计量箱进行巡视摸排，每月完成进度20%，分五个月完成。××供电所成立巡视小组，对计量箱信息进行巡视录入。

××年 6 月 5 日，巡视小组在巡视××村一号台区时发现一 4 位计量箱铅封有破坏痕迹，计量箱封印松动，封印线存在被重新穿线或改动的痕迹。工作人员李××遂打开计量箱对 4 块电能表逐一进行外观检查：①封印检查：电能表电能表耳封及尾封、接线盒封印等均无破坏迹象；②外壳检查：电能表外壳未发生机械性破坏，表壳无钻孔现象；③接线端子检查，电能表接线端子无松动，接错或短接现象。外观检查无异常后，李××用钳形电流表对四个表计的中性线和相线电流进行测量，1、2、3 号电能表相线电流、中性线电流与表计显示电流值基本相等，测量到 4 号电能表时，相线电流 8.1A，中性线电流 8.08A，然而电能表显示电流仅为 1.9A，电能表脉冲等闪烁明显慢于其他电能表。巡视人员初步判断为电能表表内故障，遂联系供电所用电检查人员蔡×和台区经理秦×来到现场进行用电检查。

用电检查人员蔡×在接到电话后通过用电信息采集系统查询了该表计的用电量及事件记录，发现自从××年 4 月 1 日起，该户日用电量有明显波动，约为同期用电量 15%。工作人员利用营销系统查询客户用电报装容量信息、往月电量电费信息、计量装置配置信息、计量装置安装现场施封信息、电源信息、用电性质以及电价等信息，为现场提供基础的客户资料信息。随即通知台区经理办理现场检查所必需的审批手续，携带现场行为记录仪、万用表、钳形电流表、证物袋、《用电检查单》《用电检查结果通知单》以及检查所需的个人工器具对该户开展现场用电检查。

到达现场后用电检查人员蔡×对 4 号电能表进行二次电流测量，同时打开行为记录仪拍摄记录：电能表显示电流确认异常再次对电能表外观进行检查，发现 4 号电能表 hplc 模块窗口处封印颜色略深于电能表耳封，仔细核对后发现与供电企业封印不相符，为后期另加。

台区经理联系客户李×，主动出示工作证件亮明我方身份，向其表明我方的来意和目的，然后告知客户发现的现场疑点和初步检查数据，要求客户在场一起对表计开展检查。打开表箱前首先告知现场实际在用铅封已损坏，并已经对现场在用铅封进行拍照取证。打开表箱后，表计 hplc 模块窗口处封印被替换（见图 3-15），使用钳形电能表测量中性线和相线电流与电能表显示电流相差较大。李×闪烁其辞，不承认自己对电能表"动了手脚"，态度十分强硬。用电检查人员联系物业管理人员到场，三方在场的情况下，打开表计窗口封印，取出 hplc 模块，发现电能表被"开了天窗"，电能表电路板有锡

图 3-15 封印被替换

焊痕迹，仔细观察，看出电流采样回路被锡焊短接。证据确凿，窃电事实成立。

事后调查得知，该客户李××承认在××年 3 月经与熟人介绍认识了王×，王×具有较高的电工技术功底，××年 4 月 1 日，王×首先把电能表封印破坏，将 hplc 模块取出，在把智能表上烧出一个"窗口"，把电流信号采集端子用焊锡短接或焊接适当阻值电阻进行窃电，分流达到窃电目的，同时又伪造了电能表封印和计量箱封印进行伪装。改装完后不仔细看电能表外观没有任何异样。根据用户口述事情发生的时间，并同时比对用电信息采集系统，确认该用户于××年 4 月 1 日起开始电量明显减少，两方时间相符，确认该用户实际窃电时间为××年 4 月 1 日～6 月 5 日，共计 65 天。最终该客户承认了自己的窃电事实并同意接受处理。

台区经理随即对用户下达《用电检查结果通知单》，告知窃电事实清楚，确认签字并在规定时间内到营业厅补缴电费及违约使用电费。完成现场检查后，工作人员通知供电所内勤人员及时在营销系统发起窃电处理流程，并录入相关资料、证据等。

查处依据

此案例按照《供电营业规则》第一百零五条第二款规定计算窃电量。

事件处理

蒋×电能表额定容量 1.1kW。每日用电时间照明用户按 6h 计算，共计 65 天。

经查询营销系统，该用户实际使用电量未超过阶梯第一挡，故追补电费时电价按照第一挡计算。

追补电量为 $1.1×6×65=429$（kW·h）。

追补电费为 $429×0.56=240.24$（元）。

三倍违约使用电费为 $240.24×3=720.72$（元）。

合计追缴为 $240.24+720.72=960.96$（元）。

暴露问题

（1）计量表箱铅封被损坏未及时发现，直至专项巡视时才发现，导致用户窃电 6 个月才被发现。

（2）用电信息采集系统监察不到位，未能及时发现李×用电量异常波动。

防范措施

（1）加强现场计量装置巡视巡查管控力度，加强计量表箱铅封管理，研究新型防盗铅封，使表箱更牢固、更安全。

（2）加强日常台区线损管控力度，做到日日查，如有问题及时处理。

（3）加强用电信息采集系统的数据筛查，对用电量波动较大的用户做到及时发现及时处理。

（4）积极开展反窃电宣传，从源头及时遏制窃电产生。

8 仔细巡查见端倪　颗粒归仓展笑颜

查处经过

××年 11 月 11 日，国网××供电公司东区供电中心×村供电所郁××，在对其辖区日常巡视时发现×××台区 12 号计量箱铅封丢失，发现该问题后，巡视人员立即通知供电所专业工作人员查询该客户相关信息。供电所工作人员接到指令后，立即通过电力营销业务应用系统（简称营销系统）查询用户客户用电报装容量信息、往月电量电费信息、计量装置配置信息、计量装置安装现场施封信息、电源信息、用电性质以及电价等信息。利用电力客户用电信息采集系统"统计查询"模块的"基础数据查询功能"对比该客户近三个月的日用电量信息；同时通过查看对比每日的电流、电压、功率、功率因数等曲线数据，查找有无可疑的用电信息；对比营销系统查询到的用电性质以及电价信息对比日负荷曲线，查找有无可疑的负荷信息；利用线损一体化平台对比中压日线损情况，查询线路中压线损波动情况。

随即对计量箱内进行现场检查，打开计量箱后发现客户马××表尾盖丢失，进一步检查发现其 B、C 相电压连片断开，如图 3-16 所示，联系后台人员核实近期该计量箱并无抢修等其他任务，排除公司内部因工作不慎导致的错误后，联系客户到现场进行核实确认。首先主动出示工作证件亮明我方身份，再确认客户实际身份，并向其表明我方的来意和目的，然后告知客户我们发现的现场疑点和初步检查数据，要求客户在场一起对表箱开展开箱检查，并对电能表实际运行环境、运行状况和运行数据进行测量记录。打开表箱前首先告知现场实际在用铅封已丢失，并已经对现场计量箱进行拍照取证。打开表箱后，指出其电能表异常，用户承认其破坏封印，私自打开表尾盖，断开电压连片的窃电事实。

按照电能表记录，其失压时间自××年 9 月 13 日起，判定该用户属于破坏表内元件窃电，如图 3-17 所示。

事后，经过询问用户，用户承认在××年 9 月，通过熟人介绍精通电工知识的李××，私自破坏计量箱铅封，断开表尾电压连片，使其达到窃电的目的，同时比对用电信息采集系统，确认该户于××年 9 月 13 日起，电量明显减少，两方时间相符，确定该用户窃电时间为××年9月13日~11月11日，共计60天。

图3-16 B、C相电压连片断开

图3-17 电能表显示失压时间

查处依据

此案例按照《供电营业规则》第一百零五条第二款计算窃电量。

事件处理

根据《国家发展改革委关于进一步深化燃煤发电上网电价市场化改革的通知》《国家发展改革委关于进一步做好电网企业代购电工作的通知》《省发展改革委关于转发〈国家发展改革委关于进一步深化燃煤发电上网电价市场化改革的通知〉的通知》《省发展改革委关于转发〈国家发展改革委办公厅关于组织开展电网企业代购电工作有关事项的通知〉的通知》，此户追补电量对应时间及对应电价见表3-2。

表3-2 追补电费表

追补时间	追补天数	实时电价	追补电量	追补电费
9.13~9.30	18	0.6997	475.2	332.48
10.01~10.31	31	0.6964	818.4	569.94
11.01~11.11	11	0.7091	290.4	205.93
合计	60	—	1584	1108.35

追补电量为 $5 \times 0.22 \times 12 \times 60 \times 2 = 1584$（kW·h）。

追补电费为 $332.48 + 569.94 + 205.93 = 1108.35$（元）。

三倍违约使用电费为 1108.35×3＝3325.05（元）。

合计追缴为 1108.35＋3325.05＝4433.40（元）。

暴露问题

（1）供电所人员对该台区用电情况不熟悉，导致用户窃电多日未能及时发现问题。

（2）对表箱管理不合格，计量巡视流于表面，现场巡视周期过长，未能及时发现计量表箱破损。

（3）用电检查缺乏主动性，总是出现问题再去解决问题。

（4）供电所基层人员缺乏相应的专业知识，缺少处理相应问题的专业能力，不能做到及时发现问题、解决问题，只能一味求助于上级部门专业人员进行处理。

防范措施

（1）加强现场计量装置巡视巡查管控力度，加强计量表箱铅封管理，研究新型防盗铅封，使表箱更牢固、更安全。

（2）加强日常台区线损管控力度，做到日日查，如有问题及时处理。

（3）加强台区日常监督检查力度，明确责任到人。

（4）积极开展反窃电宣传，从源头及时遏制窃电产生。

章节总结

破坏表内元件属于比较典型的窃电手段。通常是采取各种办法打开表盖，改动电能表内部元件造成电压或电流一次、二次回路不准，以达到窃电目的。

打开表盖的手法有很多，所以在反窃电排查时，检查人员通常会优先观察电能表封印是否完好，背部螺钉孔是否受到破坏，电能表四周缝隙是否有撬动痕迹或闭合不严，电能表检验合格贴纸是否被破坏等多方面初步判断电能表是否被开盖。

供电所工作人员应熟练掌握辖区内客户用电负荷变化规律，充分利用用电信息采集系统或负荷管理系统对客户用电负荷进行实时监控，特别是对于当前用电负荷违背其实际变化规律，较上月或前几个月×段时间（可具体选择对比时间段）运行负荷。

大幅减少的，应列为重点监控和检查对象。此时客户即有可能采取欠电流或欠电压的方式窃电，从而导致实际监控负荷减小。

但经过长期的"窃、查对抗"，又衍生出更多且更隐蔽的开盖手法。需要检查人员通过更进一步的检查确定窃电手法，锁定证据。现场最直接、最快捷的方法就是对比中性线和相线进线电流与电能表显示是否一致。或随身携带电能表现场校验仪，可直接检测电能表误差，确定电能表内部是否存在问题。

若从外观上未发现用户开盖的证据，则还不能确定是电能表故障还是窃电，建议在公安、公证人员或第三方人员见证下对电能表进行破拆，确定电能表内部元件是否有被破坏的现象。对内部元件的破坏，简单的手法是焊接铜丝分流，也比较好锁定物证。

工作人员日常要做好的是在巡视时加强电能表封印的检查。加强系统数据监控，及时发现电流异常；同时可定期召测开盖记录，以发现该类窃电行为。

第四章

接线盒问题引起线损异常

1 广大群众的眼睛永远雪亮

查处经过

××年 5 月公司领导信箱接到匿名举报窃电线索，某 10kV 专用变压器用电客户电能表箱前，×月×日夜里有一人独自在表箱前行为诡异，几分钟后打开该客户计费电能表箱并动手进行某些操作，然后关上表箱门离开现场。举报人怀疑此人的行为是在通过某些不当行为实施偷电。

首先针对举报信的线索以及举报信提到的具体时间，通过用电信息采集系统的电流、电压、功率等数据，对该时间节点前后该用电客户的用电信息进行分析比对，同时查询该条线路近期的线损数据进行对比分析。

利用电力营销业务应用系统（简称营销系统）查询客户用电报装容量信息、往月电量电费信息、计量装置配置信息、计量装置安装现场施封信息、电源信息、用电性质以及电价等信息，通过报装容量和往月电量电费以及执行电价信息对照，初步判断客户窃电的可能性和大概率可能使用的方式方法，为现场提供基础的客户资料信息。

利用电采系统"统计查询"模块的"基础数据查询功能"对比该用户近三个月的日用电量信息，同时通过查看对比每日的电流、电压、功率、功率因数等曲线数据，查找有无可疑的用电信息，对比营销系统查询到的用电性质以及电价信息对比日负荷曲线，查找有无可疑的负荷信息。利用线损一体化平台对比中压日线损情况，查询线路中压线损波动情况。

通过查询该客户为机械加工一般工商业用电，报装容量为 250kVA，通过电能表记录的最大需量值计算该户峰值负荷为 235kW，由此确定用户厂区内实际用电设备功率。

查询近期该客户电流曲线，电流值每天 24h 非常平稳且 A、C 相电流平衡，电流值几乎没有波动，始终保持在 0.23A 上下；查询电压曲线数据，每天电压数据正常；查询每天的一次功率数据，可看到功率始终在 21kW 上下波动，与电压电流值计算得到的功率值大致相同。由此判断现场检查的重点应在电流回路。

随后安排人员前往现场勘查现场周边环境，了解该客户近期的生产经营状况，核实现场电器设备安装运行情况，初步制订现场用电检查的方式方案，以及相应的现场组织措施和现场技术措施，保障现场用电检查作业安全有序进行，准备开展现场用电检查的相关手续和工器具。

出发前对现场工作人员的现场职责以及具体工作分工进行明确说明，现场安全措施布置、现场数据测量记录、现场检查结果取证固证、现场与用电客户工作人员的沟通解释等，具体工作明确到每个现场用电检查工作的参与人员。整理检查现场使用的仪器设备和工器具，保证变比测试仪、相位表、校验仪、行为记录仪等仪器设备电量充足使用可靠，操作杆、安全带等安全工器具试验合格功能齐全，安全帽、工具等数量充足配备齐全，检查所必需的各种手续办理完整齐备。

开始实施现场检查之前，通过电采系统"采集业务"模块远程召测功能召测电能表实时电压、电流、功率等数据，得知该户目前的用电情况与之前没有明显变化，判断现在开展用电检查的时机可以通过前期的勘察走访了解到，该户的计量表箱虽在客户厂区大门外侧，但厂区安装的一个监控摄像头正对计量表箱，判断客户应有人随时可监控到我们的用电检查行为，为避免客户阻挠检查或不配合检查，到达现场后迅速布置现场安措开始检查测量工作。

1）核对高压计量箱外壳喷涂的变比、资产编号等信息无误。

2）观察高压计量箱外观，箱体有封印，未发现明显故障或外力损毁的痕迹。

3）10kV 一次侧接线未发现"打过线"等绕越计量装置的接线行为。

4）使用变比测试仪测量 10kV 一次电流为 12.6A，计算得知对应的实际负荷应为 218kW，同时电采系统远程召测电能表记录的二次电流为 0.23A，计算得知对应的一次负荷为 23.9kW。

5）检查核对电能表箱封印发现现场封印与装表工单登记的封印不符，存在伪造封印的嫌疑。

6）使用现场行为记录仪对现场检查过程进行全程视频记录，对测量的 10kV 一次电流值进行拍照取证，对涉嫌伪造的表箱封印进行拍照取证。

经过检查可初步判断电能表箱内电流二次回路接线或电能表存在问题。

通过供电所联系客户联系人，通知客户到达现场后首先向客户亮明我方人员身份，再确认客户实际身份，向其表明我方的来意和目的，然后告知客户我们发现的现场疑点和初步检查数据，要求客户在场一起对表箱开展开箱检查，并对电能表实际运行环境、运行状况和运行数据进行测量记录。打开表箱前首先告知现场实际在用封印号与我方登记的封印号不符，并已经对现场在用封印进行拍照取证，如图 4-1 所示。

打开电能表箱后发现电能表表尾盖和联合接线端子盒盖封印已经被破坏，联合接线端子盒内 A、C 相电流短接片被人为合上，测量电能表箱内 A、C 相二次电流回路电流值均为零，查看电能表记录的 A、C 相二次电流值为零，再次使用变比测试仪测量 10kV 一次电流值也已经降为零。

通过现场检查确认，该户是通过短接联合接线端子盒内 A、C 相电流短接片的方法，使二次电流回路形成绕越电能表的方式，故意使用电计量装置不准从而达到少计电量的目的。

图 4-1 打开表箱后的情况

对现场接线情况进行拍照取证以后，填写用电检查结果通知单，告知客户具体的窃电行为和后续处理方式，要求客户签字确认，限期接受处理，并对现场实施停电措施。

客户看到检查结果后，对私自短接计量二次回路的事实予以认可，但依然坚持现场无负荷，不存在实际窃电量。工作人员现场向其展示了之前的测量数据和采集系统召测的数据，同时展示近期电采系统的负荷功率曲线数据，还有近期中压线损的波动与该客户的负荷运行情况数据的对比结果。最终该客户全部承认了自己的窃电事实并同意接受处理。

查处依据

此案例符合《供电营业规则》第一百零三条第二款、第三款、第五款，属于窃电行为，窃电量按照第一百零五条计算。

事件处理

查询用电信息采集系统记录的该户用电异常期间的电流数据、功率数据可知，该客户在被查处之前的用电异常期间，用电负荷平稳、时间规律且窃电时间明确、可查。根据查处现场测量的电流值（10kV 一次电流为 12.6A）和同时电采系统远程召测电能表记录的二次电流值（二次电流值为 0.23A）计算电能表计量实际误差（营销系统查询该户运行电流互感器变比为 30/5）。

误差＝[0.23－(12.6/6)]/(12.6/6)×100%＝－89%现场电能表少计 89%的用电量

经过查询电采系统确认，该客户开始窃电时、月底 24 时、查处时的电能表有功示值见表 4-1。

表 4-1　　　　该客户开始窃电时、月底、查处时的电能表有功示值

示数类型	窃电伊始电能表示值	月底电能表示值	查处当天现场抄读电能表示值
正向有功 总电量	187.88	210.61	218.92
正向有功 尖电量	33.01	36.56	37.86
正向有功 峰电量	37.61	41.18	42.64
正向有功 平电量	70.08	78.47	81.08
正向有功 谷电量	47.17	54.38	57.32
正向无功 总电量	55.66	66.02	70

有功总电量（210.61－187.88）×600＝13638（kW·h），尖时段电量为（36.56－33.01）×600＝2130（kW·h）。

峰时段电量为（41.18－37.61）×600＝2142（kW·h），谷时段电量为（54.38－47.17）×60＝4326（kW·h）。

平时段电量为 13638－2130－2142－4326＝5040（kW·h），无功总电量为（66.02－55.66）×600＝6216（kvar·h）。分别计算各时段窃电量如下：

总有功窃电量 13638/（1－89%）－13638＝110343（kW·h），尖时段窃电量 2130/（1－89%）－2130＝17233（kW·h）。

峰时段窃电量 2142/（1－89%）－2142＝17330（kW·h），谷时段窃电量 4326/（1－89%）－4326＝35001（kW·h）。

平时段窃电量 110343－17233－17330－35001＝40779（kW·h），总无功窃电量 6216/（1－89%）－6216＝50293（kvar·h）。

月底之后电能表抄读的各时段电量如下：

有功总电量（218.92－210.61）×600＝4986（kW·h），尖时段电量为（37.86－36.56）×600＝780（kW·h）。

峰时段电量为（42.64－41.18）×600＝876（kW·h）。

谷时段电量为（57.32－54.38）×600＝1764（kW·h），平时段电量为 4986－780－876－1764＝1566（kW·h），无功总电量为（70－66.02）×600＝2388（kvar·h）分别计算各时段窃电量如下：

总有功窃电量 4986/（1－89%）－4986＝40341（kW·h），尖时段窃电量 780/（1－89%）－780＝6310（kW·h）。

峰时段窃电量 876/（1－89%）－876＝7087（kW·h）。

谷时段窃电量 1764/（1－89%）－1764＝14272（kW·h）。

平时段窃电量 40341－6310－7087－14272＝12672（kW·h），总无功窃电量

2388/（1－89%）－2388＝19321（kvar·h）。

通过营销系统查询确认窃电期间该客户市场化属性分类为普通代购用户，月底之前执行电价为：电网代理交易电费单价 0.50639 元/（kW·h），输配电费单价 0.1851 元/（kW·h）；月底之后执行电价为：电网代理交易电费单价 0.505 元/（kW·h），输配电费单价 0.1851 元/（kW·h）。

计算月底之前各时段应补缴电费如下：

尖、峰时段应补缴电费（17233＋17330）×（0.50639＋0.1851）×1.64＝39195.95（元）。

平时段应补缴电费 40779×（0.50639＋0.1851）＝28198.27（元）。

谷时段应补缴电费 35001×（0.50639＋0.1851）×0.41＝9923.17（元）。

50293/110343≈0.4558 查表知对应的 cosφ值为 0.91，力调系数为－0.15，力率调整电费为（39195.95＋28198.27＋9923.17）×（－0.15%）＝－115.98（元）。

计算月底之前应补缴电费小计 39195.95＋28198.27＋9923.17－115.98＝77201.41（元）。计算月底之后各时段应补缴电费如下：

尖、峰时段应补缴电费（6310＋7087）×（0.505＋0.1851）×1.64＝15162.24（元）。

平时段应补缴电费 12672×（0.505＋0.1851）＝8744.95（元）。

谷时段应补缴电费 14272×（0.505＋0.1851）×0.41＝4038.13（元）。

19321/40341≈0.4789 查表知对应的 cosφ值为 0.90，力调系数为 0，力率调整电费为 0 元。

计算月底之后应补缴电费小计 15162.24＋8744.95＋4038.13＝27945.32（元），应追补各项代征费用（110343＋40341）×0.028889＝4353.11（元），共计需追补电费合计 77201.41＋27945.32＋4353.11＝109499.84（元）。

根据《供电营业规则》第一百零四条的规定需对该客户追补三倍违约使用电费。

违约使用电费为 109499.84×3＝328499.52（元）。

应收取补交电费以及违约使用电费合计总金额为 109499.84＋328499.52＝437999.36（元）。

暴露问题

（1）用电客户计量巡视工作流于形式，现场巡视周期过长，无法及时发现现场计量设备的变化。

（2）高压专用变压器客户计量箱“设备主人管理制度”不健全，没有明确管理巡视主体单位，造成小问题无人管，大问题牵连全体受罚的现象。

（3）基层单位具备专业用电检查知识技能的人员力量严重缺乏，用电检查的仪器设备配备不足，对现有检查设备的功能和用途缺乏学习了解。

（4）对发现问题的过程，过于依赖专业支撑部门，遇到中压线损波动情况，一味等待专业支撑部门的分析结果，缺少发现问题、解决问题的主观能动性。

👉 防范措施

管理措施：

（1）加强现场计量装置巡视巡查管控力度。

（2）严格落实各类计量表计现场核抄的工作要求。

（3）明确各类计量装置的管理管辖责任与要求。

（4）加强反窃电的宣传与打击力度。

技术措施：

（1）加强电能表箱封印管理，使用不易被伪造、开启的新型防盗封印。

（2）加强用电检查专业的知识培训，提升基层一线人员的专业水平。

（3）增加现有技术手段针对异常问题的筛查频次，及时发现问题、处理问题。

（4）配备充足的现场取证固证设备，提升电量计算的准确度，为窃电处理提供更全面的支撑。

2 医院不一定只会"接"生

⚙ 查处经过

××年 11 月 18 日，国网××供电公司××中心供电所张××，在现场巡视的过程中发现 10kV××右线，表箱有被打开的痕迹，张××立即上报，××供电所配电运检班一班成员与稽查人员一起赶往现场进行勘察，发现××市某大型医院确实存在窃电行为。

到现场后工作人员对现场进行甄别及校验，发现此表箱内电流连片被人工短接，存在改变用电计量装置计量准确性。随后通知用户现场核实，工作人员一边取证一边当着客户面打开电能表箱，发现在接线盘上私自改变用电计量装置短接电流连片，确认窃电（见图 4-2），面对证据，签下"窃电通知书"，用户表示愿意接受处理。

事后，比对用电信息采集系统，确认该户于××年 11 月 18 日起，电量明显减少，两方时间相符，经核

图 4-2 电能表短接电流连片

实，实际使用时间按 180 天计算，电力客户按 12h。

⚙ 查处依据

此案例符合《供电营业规则》第一百零三条规定，属于窃电行为，窃电量按照第一百零五条计算。

📖 事件处理

按照当时客户家实际用电容量 12.15kW 计算罚款金额。

追补电量为 $12.15×180×12＝26250$（kW·h）。

追补电费为 $26250×0.585＝15356.25$（元）。

三倍违约使用电费为 $15356.25×3＝46068.75$（元）。

合计追缴为 $15356.25＋46068.75＝61425$（元）。

💡 暴露问题

（1）对用电信息采集系统应用力度不够，未能做到每天分析，及时发现、及时制止。

（2）对专用变压器户巡视频次不够，未能及时发现用户私自在计量装置上短接电流接片。

🔧 防范措施

（1）加强用电信息采集系统的应用，对线损存在异常的台区线路，及时进行分析，做到早发现早制止。

（2）加大对专用变压器户巡视频次，及时发现用户的窃电行为并进行制止。

3 小小连片玄机无限

⚙ 查处经过

××年 1 月，国网××供电公司示范区供电中心在开展月重损台区专项治理中，发现辖区内某供电服务班所管理的台区××村一号台区存在重损情况（线损率大于4%，月损失电量大于3000kW·h）。该台区变压器容量为400kVA，台区下共有用户 210 户，日供电量 1400～2000kW·h，台区下有 17 户光伏发电用户。××年 10 月 1 日～××年 1 月 11 日连续出现月度重损，3 个月的平均线损为5.38%，日损失电量在 100kW·h 左右。通过现场核对，挂接在该台区下的所有用户均无误，不存在户变关系挂接错误问题。10 户低压三相用户均采用直接接入式三相电能表，不存在变比错误问题。核对 17 户光伏用户档案与计量点绑定关系，均与现场接线一致。基本排除系统档案错误导致的台区线损异常可能后，分析人员将重点放在异常用电筛查上。

分析人员通过用电信息采集系统召测功能，首先对台区考核表进行召测分析，发现台区考核表电压、电流曲线均正常，三相负荷很均衡，不存在三相不平衡的情况。查询台区下客户用电正反向电量全部完全及时抄通且均为自动预抄日冻结数据，不存在采集异常问题。对台区下电能表的开盖记录进行了统一召测，并未发现某块电能表存在开盖记录。对各电能表中性线和相线电流进行召测对比，不存在有较大偏差情况。对台区线路进行了整体排查，未发现有外挂线窃电现象。直到对 10 户三相客户进行电流、电压数据分析时发现，台区下客户王××多用三相电能表 A 相电压为 230.6V、B 相电压为 227.3V、C 相电压为 0V，但同时 A 相电流为 0A、B 相电流为 0A、C 相电流为 6.573A。确定该户存在异常用电现象，开展重点分析。为避免打草惊蛇，分析人员先通过系统数据进行分析。发现王××家自 2022 年 11 月起每月电费均为零，与台区线损自 2022 年 10 月出现升高时间点接近。通过台区经理了解到，异常出现前后并未对该电能表有过更改接线的相关工作，怀疑该异常是人为故意，疑似存在窃电行为，决定开展现场核查，锁定证据。

开展现场检查前，供电服务班班长安排 4 人一组开展本次用电检查工作，并派发了现场工作单。检查人员按用电检查工作要求进行了工作准备，对现场工作人员的现场职责以及具体工作分工进行明确说明，现场安全措施布置、现场数据测量记录、现场检查结果取证固证、现场与用电客户工作人员的沟通解释等，具体工作明确到每个现场用电检查工作的参与人员。整理检查现场使用的仪器设备和工器具，保证变比测试仪、相位表、电能表现场校验仪、行为记录仪等仪器设备电量充足使用可靠，操作杆、安全带等安全工器具试验合格功能齐全，安全帽、工具等数量充足配备齐全，检查所必需的各种手续办理。

将用户户名、户号、电能表资产编号等基本信息填入用电检查通知单。通过用电信息采集系统"采集业务"模块远程召测功能召测电能表实时电压、电流、功率等数据，确定开展用电检查的时机。

到达现场后为避免客户阻挠检查或不配合检查，迅速布置现场安全措施并始检查测量工作。检查人员按反窃电取证要求，利用行为记录仪进行全程录像。首先观察现场计量箱外观无破损，箱门封印缺失，未发现明显故障或外力损毁的痕迹。查询系统确认该表箱存在施封记录。找到待检查电能表，核对电能表资产编号正确，封印完好，正反面与四周无开盖痕迹。检查电能表接线无误，利用掌机召测电能表开盖记录显示为 0，表尾螺钉接触紧固不存在虚接现象，A、B 相电压连片均正常，C 相电压连片未连接。测量 A、B、C 相接进线侧电压均正常，排除电能表存在异常的情况。测量 A、B、C 相电能表进线侧电流，A 相电流为 0A、B 相电流为 0A、C 相电流为 7.3A。现场情况与电采系统远程召测情况一样，A、B 相无电流，C 相有电流。观察发现该户负荷侧断路器后并未接 A、B 相负荷线，仅 C 相接有负荷线，可确定 A、B 相电流为 0 不存在异常。但 C 相电压连片松开造成 C 相失压，失压出现时间为××年 10 月，之前的系统数据显示电压电流均正常，说明有人故意松开电压连片以造成电能表漏计电量，以达到窃电目的，可以确定该户存在窃电行为。

检查人员对电能表三相电压连片情况和三相表显电压、电流示数进行了拍照取证。通过客户经理联系客户联系人，通知客户到达现场后，首先向客户亮明我方人员身份，再确认客户实际身份，向其表明我方的来意和目的，随后向客户简单说明人为故意松开电能表 C 相电压连片，造成电能表无法获取 C 相电压，漏计电量、电费的事实，确定其存在窃电行为。将所有情况告知用户后，当场根据检查情况开具《用电检查通知单》，要求客户签字确认。但客户表示自己并不知情也未动过电能表，拒绝在用电检查通知单上签字。现场检查人员对该类窃电手法用户不承认已有所准备，在客户不认可窃电事实和拒绝签字后，第一时间拨打 110 电话进行报警，就该用户窃电情况进行报案。接到报警后，辖区派出所安排了三名民警到达现场。检查人员将现场情况和已有证据告知民警，民警进行了现场调解。民警告知用户盗窃电力属违法犯罪行为，立案调查后对用户自身会有各种危害，数额巨大的需承担刑事责任。我方检查人员表示若用户承认窃电并愿意配合后续处理的，我方愿意达成和解，不再追究其其他责任。在充足的证据和后续责任压力下，用户最终承认了自己的窃电行为并表示会接受相应处罚，并在《用电检查通知单》上签字。

检查人员现场恢复了电能表 C 相电压连片，C 相表显电压正常后，对所在计量箱重新施加封印并将封印编号录入系统。

通知用户约定时间到所辖供电所进行窃电处理后离开现场。

查处依据

此案例符合《供电营业规则》第一百零三条规定，属于窃电行为。

此案例窃电时间通过用电信息采集系统查询，用户 C 相失压时间为××年 10 月 1 日至××年 1 月 11 日，共 103 天。客户所用三相电能表虽然在用电信息采集系统中冻结有 C 相电流数据，但以冻结瞬时电流计算窃电量没有相关政策依据，故用现场测量的电流 7.3A 进行窃电量计算。该客户属于居民用户，追补电费按居民合表电价计算。

事件处理

追补电量为 $7.3A \times 220V \div 1000 \times 6 \times 103 = 992.5$（kW·h）。

追补电费为 $992.5 \times 0.568 = 563.74$（元）。

三倍违约使用电费为 $563.74 \times 3 = 1691.22$（元）。

合计追缴为 $563.74 + 1691.22 = 2254.96$（元）。

暴露问题

（1）对表箱巡视不及时，未周期性检查核对计量箱施封加锁情况。

（2）对三相电能表管理存在漏洞，用户故意断开电压连片与工作人员疏忽造成电压连片虚接或断开无法明确区分，造成取证困难。

（3）供电公司不具备执法权，在处理反窃电等与用户矛盾较突出的工作时，用户配合度不高甚至拒绝配合。

防范措施

（1）加强对计量设备的日常巡视，要着重检查封印、锁情况，及时发现异常。

（2）要加强台区线损监控力度，台区线损率异常波动或提高时，要对台区下客户用电情况进行分析，及时发现异常用电行为。

（3）不定时对台区下三相电能表电压、电流进行监测，及时发现异常用电行为或错误接线情况。

（4）要加强与公安机关间的警企联动机制建设，现场检查时要注意固定证据，用户不配合时不要与用户发起冲突，要积极寻求公安机关的协助，以确保在后续窃电处理中占据主动性。

章节总结

现场检查时，检查人员应首先对接线盒的封印情况进行查看，如果封印不在或与上次施加的不一致，就要重点检查接线盒是否存在异动，部分用户会否直接闭合或断开连片；其次，采用虚接或松开螺钉的手法达到以上目的，所以在检查时要特别注意是否存在虚接。但同时，因存在装表人员安装时工作疏忽未松开电流连片或未紧固电压连片的现象，部分客户会以此为理由拒绝承认窃电行为，所以要求工作人员严格开展接线盒的施封工作，并做好记录和归档，为确定用户是否存在窃电提供证据。

　　尽管近些年我们不断加大对违约窃电的检查打击处理的力度，但仍然存在极个别人心存侥幸心理，跨法律法规的红线，行违法违规之作为。我们不仅要坚持重拳打击违约窃电行为，同时还需要加强电力法律法规的宣传普及工作，使更多人认识到电力是商品，公平买卖受法律保护，违法取得必受法律追究。通过这次事件的妥善解决，建议公司可以制订切实可行的举报奖励制度，鼓励人民群众举报发现的可疑用电行为，发动全社会协助我们打击不法窃电行为。复盘此次用电检查工作的行为过程，第一时间取得现场真实有效的测量数据，并合法依规的保存利用，有效反驳了客户的狡辩理由，为本次顺利事件得以顺利解决提供了坚实的数据支撑。

第五章

接线问题引起线损异常

1 用户伪装短接点电流测量判位置

查处经过

××年 11 月 5 日，国网××供电公司东区供电中心×村供电所台区经理李×接到抢修工单到××小区处理停电故障。故障排除后，对该台区表箱进行了巡视。巡视中发现该小区五排 4 号表箱未加装铅封，打开计量箱后发现 1 号表尾接线异常，中性线和相线并线。

台区经理拍照取证后，立即联系客户和用电检查人员，三方到场后，当面指出其异常，在事实面前，客户承认使用并线短接方式进行窃电。用电检查人员通过用电信息采集系统，确认该户于××年 6 月 16 日起，所用电量基本为零。经过询问客户，客户承认在 2021 年 6 月私自打开计量箱，将中性线和相线进出线并线，实施窃电行为。两方时间相符，确定该用户窃电时间为××年 6 月 16 日～11 月 5 日，共计 142 天。

恢复用户计量装置后，计算其日均电量为 3.5kW·h，同比去年同时段日均电量也为 3.5kW·h，因此在追补电量时采用此电量值计算。

此客户窃电前用电量少，加上所在台区线损始终在考核目标值内，没有引起台区经理的关注。

查处依据

此案例符合《供电营业规则》第一百零三条规定，属于窃电行为。

窃电量按照第一百零五条第二款计算确定。

事件处理

追补电量为 $3.5 \times 142 = 497$（kW·h）。

追补电费为 $497 \times 0.568 = 282.30$（元）。

三倍违约使用电费为 $282.30 \times 3 = 846.90$（元）。

合计缴纳为 282.30＋846.90＝1129.2（元）。

暴露问题

（1）日常巡视不到位，巡视频率不足，以致长时间未发现电能表接线错误。

（2）日线损统计认为线损率虽然有波动，但仍在考核范围之内，故未有进一步行动。

防范措施

（1）加强日线损监测，不能把日线损监督体制流于形式，应做到波动必查。

（2）加强现场巡视力度，确保每月巡视一次。

2 零火调换真假难辨借零回路危险重重

查处经过

××年 3 月 25 日，××供电所××村 10 号台区线损连续几日有越来越高的趋势，为了防止台区线损超标，供电所领导要求台区经理持续关注此台区线损情况，提前对台区客户开展反窃电排查。台区经理孟×首先通过用电信息采集系统查看客户用电数据，看能否发现一点蛛丝马迹。打开用电信息采集系统，找到这个台区，把所有客户近 7 天的电量全部导出对比电量增减变化情况，并把零电量客户和日电量低于 1kW·h 的客户筛选出来查看电流情况，在这个电量段找到一户中性线和相线电流存在较大差异的客户崔×，当时查看崔×的电能表中性线有 0.5～1A 不等的电流，但是相线电流为零，再看此表近 7 天的电量居然为零。

台区经理立即通知用电检查人员章×，二人办理现场检查所必需的审批手续后，携带现场视频记录仪、万用表、钳形电流表、证物袋、《用电检查单》《用电检查结果通知单》以及检查所需的个人工器具，驱车来到现场崔×户表处开展现场用电检查。

到达现场后工作人员严格按现场作业安全规范要求，做好必要的人身防护和安全措施，章×首先对表箱进行外观检查，无破损但铅封缺失，接着对电能表进行外观检查：①封印检查：电能表耳封及尾封、接线盒封印等均无破坏迹象，表计封印是与供电企业封印相符；②外壳检查：电能表外壳未发生机械性破坏，表壳无钻孔现象；③接线端子检查，电能表接线端子无松动。现场接线较为混乱，中性线和相线均使用蓝色导线接入，无法判断是否有接错现象。台区经理孟×接着按巡显按钮调出电能表当前电流读数，同时使用伏安相位表进行电流数据测量，电流数据结果为：电能表显示电流 0.946A，相线电流 0.958A，中性线电流 1.69A。相线电流与电能表显示电流基本一致且明显小于中性线电流。孟×根据中性线大于相线电流，判断有另外的电流经中性线流回，相线进出线必定存在短接现象。于是章×仔细对相线进出线进行检查，想要寻找短路点，排查到电源开关侧意外发现中性线和相线竟然接反了，实际上伏安相位表此时显示的相线电流是中性线电流，显示的中性线电流实际是相线电流，电能表采样计量的电流是中

性线电流，即相线电流 1.69A，中性线电流 0.958A。相线电流大于中性线电流，那么一定有电流经其他中性线流回。章×检查后未发现搭借其他中性线的现象，凭多年的查窃电经验猜测客户有可能利用自家接地作为中性线用电，中性线电流将一部分流过电能表，一部分通过接地极流入大地，如图 5-1 所示。

图 5-1　中性线和相线接反

　　台区经理孟×立马联系客户崔×，同时邀请物业管理人员到现场见证。客户崔×称自己不在家，一个小时后才到达现场，孟×出示工作证件亮明身份，向其表明我方的来意和目的，然后告知客户我们发现的现场疑点和初步检查数据，一起对表箱开展开箱检查，并使用行为记录仪进行记录。打开表箱前首先告知计量箱铅封失去，并对现场进行拍照取证。打开表箱后，告知电能表中性线和相线接反，使用钳形电能表测量相线中性线电流相线电流 1.61A，中性线电流 1.60A。竟然与之前测量结果大不相同。

　　用电检查人员章×怀疑用户接到电话后回家恢复了计量线路，便称需要进入客户家里检查用电情况。用户崔×听到要到家里查看，当场拒绝。供电公司工作人员和物业管理人员协商无果后，供电公司人员联系属地派出所民警请求协助。民警到达现场后，崔×只得同意工作人员上门查看。崔×是农村居民户，住所是农村自建房，其中有一个屋门紧闭，打开后发现别有洞天：屋内墙上有各种线路，有刀闸开关、屋内墙角有地桩连入地下。原来崔×在室内装设倒闸控制开关，使经过电能表的中性线和自设地线能自由的控制。用户崔×私自做地线无误，借零窃电证据确凿。

　　工作人员立刻拍照固定证据，台区经理随即对用户下达《用电检查结果通知单》，告知窃电事实清楚，确认签字并在规定时间内到营业厅补缴电费及违约使用电费。完成现场检查后，工作人员通知供电所内勤人员及时在营销系统发起窃

电处理流程，并录入相关资料、证据等。

事后调查得知，用户崔×在××年1月某天晚上遇到了回乡电工李×，李×酒后称自己在外地×村从来不交电费，崔×听了后第二天便找到李×，李×带好电线、钢筋、闸刀等，在崔×室内一间不用的仓库墙角挖1个1m左右深的坑，用钢筋焊接一个筐放在里面，底部打几根钢筋插入泥土中，和筐焊接在一起。掩埋筐的泥土里面放入盐或降阻剂等用作接地中性线，然后在室内装设倒闸控制开关，使空调、冰箱等大功率电器的用电经过自设接地线流入大地，同时倒闸控制开关能自由地控制线路接入电能表的中性线或自设接地线，供电公司来检查时，即可将负荷切换至电能表的中性线，这样钳形电流表测得的中性线和相线电流仍然平衡，以此躲避窃电检查。由于供电公司此次检查比较突然，崔×当时正在村外，未能及时进行切换，从而露了马脚。

根据用户口述事情发生的时间，并同时比对用电信息采集系统，确认该用户于××年1月4日起开始电量明显减少，两方时间相符，确认该用户实际窃电时间为××年1月4日~××年3月25日，共计80天。最终该客户崔×承认了自己的窃电事实并同意接受处理。

查处依据

此案例符合《供电营业规则》第一百零三条属于窃电行为，窃电量按照第一百零五条第二款计算确定。

事件处理

崔×电能表额定容量1.1kW。每日用电时间照明用户按6h计算，共计80天。

经查询营销系统，该用户实际使用电量未超过阶梯第一挡，故追补电费时电价按照第一挡计算。

追补电量为$1.1 \times 6 \times 80 = 528$（kW·h）。

追补电费为$528 \times 0.56 = 295.68$（元）。

三倍违约使用电费为$295.68 \times 3 = 887.04$（元）。

合计追缴为$295.68 + 887.04 = 1182.72$（元）。

暴露问题

（1）电能表接线不规范，现场接线混乱，中性线和相线均使用蓝色导线接入，未使用不同颜色接入，不仅给了窃电者可乘之机，同时也增加了用电检查人员的检查难度。

（2）用电信息采集系统监控不到位，用户崔×连续近三月电能表中性线和相线电流不平衡，用电检查人员却未能及时发现。

（3）现场检查时一定要有除供电公司和用户以外的第三人在场，必要时可联系当地派出所，警企联动，避免与用户发生不必要的纠纷。

防范措施

（1）加强装表接电的规范化管理，规范电能表安装接线。

1）单相电能表相线、中性线应采用不同颜色的导线对号接入，不得对调。

2）单相客户的中性线要经电能表接线孔穿越电能表，不得在主线上单独引接一条中性线进入电能表。

3）三相客户的三元件电能表或三个单相电能表中性点中性线要在计量箱内引接。

4）三相客户的三元件电能表或三个单相电能表的中性点中性线不得与其他单相客户的电能表中性线共用。

5）认真做好电能表铅封、漆封，尤其是表尾接线安装完毕要及时封好接线盒盖，以免给窃电者以可乘之机。

（2）加强用电信息采集系统监控，做到日日查，如有异常及时处理。

（3）积极开展反窃电宣传，从源头及时遏制窃电产生。

（4）新装和增容的用户工程，在装表接电环节上，应及时加封计量装置，避免出现空当而被客户窃电。

（5）现场发现计量装置损坏、伪造或启动计量装置封印，计量二次接线被更改等窃电迹象时，应及时向主管领导汇报并通知用电检查人员前往查处。

3　用电不规范　公安找上门

查处经过

××年 6 月，国网××县供电公司开展线损异常台区治理，对某持续高损台区进行线损异常原因分析。该台区共有低压单相客户 151 户，低压三相客户 3 户。分布式光伏发电客户 10 户，其中 8 户为全部上网客户，2 户为自发自用余电上网客户。通过现场核对，挂接在该台区下的所有客户均无误，不存在户变关系挂接错误问题。3 户低压三相客户均采用直接接入式三相电能表，不存在变比错误问题。核对 10 户光伏用户档案与计量点绑定关系，均与现场接线一致。基本排除系统档案错误导致的台区线损异常可能后，分析人员将分析重点放在异常用电筛查上。

分析人员通过用电信息采集系统召测功能，对台区下电能表的开盖记录进行了统一召测，并未发现某块电能表存在开盖记录。对各电能表中性线、相线电流进行召测对比，不存在有较大偏差情况。对台区线路进行了整体排查，未发现有外挂线窃电现象。对该台区用户近期用电量进行分析时发现该台区长期零电量客户 3 户，现场走访发现其中 2 户家中确实长期无人居住，另一户正常用电，确定该客户黄××存在异常用电现象，开展重点分析。为避免打草惊蛇，分析人员先通过系统数据进行分析。发现黄××家自××年 2 月起每月电费均为零，与台区线损自××年 1 月底出现升高时间点接近。召测该客户电能表发现中性线、相线均有电流，电能表反向有功示数存在示值，分析人员立即确认该户可能存在中性线、相线反接的情况。因异常出现前后并未对该电能表有过更改接线的相关工作，怀疑该异常为人为故意，疑似存在窃电行为，决定开展现场核查，锁定证据。

现场检查前，供电所所长安排 3 人一组开展本次用电检查工作，并派发了现场工作单。检查人员按用电检查工作要求进行了工作准备，对现场工作人员的现场职责以及具体工作分工进行明确说明，现场安全措施布置、现场数据测量记录、现场检查结果取证固证、现场与用电客户工作人员的沟通解释等，具体工作明确到每个现场用电检查工作的参与人员。整理检查现场使用的仪器设备和工器具，保证变比测试仪、相位表、电能表现场校验仪、行为记录仪等仪器设备电量充足、使用可靠，操作杆、安全带等安全工器具试验合格功能齐全，安全帽、工具等数量充足配备齐全，检查所必需的各种手续办理完整齐备。将客户户名、户号、电能表资产编号等基本信息填入用电检查通知单。通过用电信息采集系统"采集业务"模块远程召测功能召测电能表实时电压、电流、功率等数据，确定开展用电检查的时机。

到达现场后为避免客户阻挠检查或不配合检查，迅速布置现场安全措施开始检查测量工作。检查人员按反窃电取证要求，利用行为记录仪进行全程录像。首先观察现场表箱外观无破损，箱门封印缺失，未发现明显故障或外力损毁的痕迹。查询系统确认该表箱存在施封记录。找到待检查电能表，核对电能表资产编号正确、封印完好，正反面与四周无开盖痕迹。检查电能表接线确认该电能表中性线、相线的进出线均存在反接，电能表记录反向有功电量示值 1534kW·h。检查人员对电能表接线和电能表反向有功示值进行了拍照取证。通过供电所联系客户联系人，通知客户到达现场后，首先向客户亮明我方人员身份，再确认客户实际身份，向其表明我方的来意和目的，随后向客户简单解释了电能表中性线、相线的进出线反接，会造成电流反向流经电能表，电能表正向有功电量不走字，反向有功电量走字。因供电公司仅对正向有功电量收费，造成漏计电费的事实。将电能表中反向有功电量示值 1534kW·h 展示给客户，同时说明电能表安装时反向有功电量示数一般为 0，所以漏计电量应该为 1534kW·h。因表箱存在施封记录，但现场封印缺失，怀疑人为故意打开铅封更改该电能表接线，达到漏计电量的目的，确定该客户存在窃电行为。将所有情况告知客户后，当场根据检查情况开具用电检查通知单，要求客户签字确认。但客户对窃电事实不认可，认为该情况是我方工作人员接错线导致，自己并不知情也从未改动接线，拒绝在用电检查通知单上签字。现场检查人员为确保后续处理主动性，在客户不认可窃电事实和拒绝签字后，第一时间与辖区公安部门取得联系，就该客户窃电情况进行报案。接到报警后，辖区派出所安排了两名民警到达现场。检查人员将已掌握的情况和已有证据交给了民警，客户见事件有进一步升级风险，遂主动向民警和检查人员承认自己更改电能表接线以达到漏计用电量的事实。

经客户叙述，其××年1月初在网络上看到有人发帖讲解称可通过更改电能表接线的简单方式，使电能表少计电量。其看操作相对比较简单，自己已有的工具就能完成，便趁夜晚无人时剪断表箱铅封，找到自家电能表进行了接线更改。2月份电费果然减少，3月份以后每月就没有再交过电费。见连续3个月一直无人发现，便放开用电，没想到最终还是被发现了。客户最终承认了自己的窃电行为，并在用电检查通知单上签字。因所窃电量电费金额较小，双方又达成一致且我方不再追究用户刑事责任，民警开具出警单后未再立案处理。

检查人员现场更改了错误接线，并对用户进行了停电，对所在计量箱重新施加封印并将封印编号录入系统。通知用户约定时间到所辖供电所进行窃电处理后，即可恢复供电。

查处依据

此案例符合《供电营业规则》第一百零三条规定，属于窃电行为。

此案例窃电时间通过用电信息采集系统查询，该台区线损从1月23日起开始异常，与客户叙述时间基本一致，但因没有其他证据无法得到印证。但窃电电量通过用电信息采集系统查询，该电能表1月23日反向有功电量示数确实为0，故可确定窃电量为1534kW·h。该客户属于居民用户，追补电费按居民合表电价计算。

事件处理

追补电量为1534kW·h。

追补电费为$1534×0.568＝871.31$（元）。

三倍违约使用电费为$871.31×3＝2613.93$（元）。

合计追缴为$871.31＋2613.93＝3485.24$（元）。

暴露问题

（1）对表箱巡视不及时，未周期性检查核对计量箱施封加锁情况。

（2）台区线损管控不足，未能及时发现异常用电现象。该案例会造成台区线损率从 1 月 23 日就会出现异常，但管理单位到 6 月份才发现线损异常问题，对台区线损日监控、管理不足。

（3）对单相电能表管理存在漏洞，单相电能表反向有功电量因不参与算费计算，一般不参与抄表发行，给了某些人可乘之机进行窃电。

（4）供电公司不具备执法权，在处理反窃电等与用户矛盾较突出的工作时，客户配合度不高甚至拒绝配合。

防范措施

（1）加强对计量设备的日常巡视，要着重检查封、锁情况，及时发现异常。

（2）要加强台区线损监控力度，台区线损率异常波动或提高时，要对台区下用户用电情况进行分析，及时发现异常用电行为。

（3）不定时对台区下单相电能表反向有功电量进行监测，及时发现异常用电行为或错误接线情况。

（4）要加强与公安机关间的警企联动机制建设，现场检查时要注意固定证据，客户不配合时不要与客户发起冲突，要积极寻求公安机关的协助，以确保在后续窃电处理中占据主动性。

4 借"零"反接需紧防 计量巡视要仔细

查处经过

××年 11 月 9 日，某供电所线损专员在对其辖区进行日常线损统计分析时发现配 06328 台区线损率异常，11 月 1～8 日期间，周线损率 7.34%，损失电量 782kW·h，通过电力营销业务应用系统（简称营销系统）查询，该台区近期未存在客户新增、计量点变更、电能表更换、客户销户等工单，台区用电计量点无增加或减少情况；通过电力客户用电信息采集系统查询，不存在跨越台区调整计量点等情况，电能表自动采集成功率始终为 100%，不存在手动调整电量的情况；沟通咨询供电服务中心了解到近期该台区未接到线路设备报修工单，也不存在因相邻台区或低压线路设备故障临时挂接相邻台区计量点的情况，由此初步判断该台区存在疑似窃电用户。

工作人员利用营销系统及用电信息采集系统查询该台区下辖 198 位客户往月及去年同期户日均电量值，确定电量波动较大的疑似用户李××。利用大数据筛选出疑似用户后，利用营销系统查询客户用电报装容量信息、往月电量电费信息、计量装置配置信息、计量装置安装现场施封信息、电源信息、用电性质以及电价等信息，通过报装容量和往月电量电费以及执行电价信息对照，初步判断客户窃电的可能性和大概率可能使用的方式方法，为现场提供基础的客户资料信息。随即通知台区经理办理现场检查所必需的审批手续，携带现场视频记录仪、万用表、钳形电流表、证物袋、《用电检查单》《用电检查结果通知单》以及检查所需的个人工器具对该台区的重点疑似客户开展现场用电检查。

到达现场后工作人员严格按现场作业安全规范要求，做好必要的人身防护和安全措施，经台区经理现场检查后，发现李××所在计量箱未加载铅封，并且有明显的破坏痕迹，打开电能表箱后发现电能表中性线和相线被对调，从另户引入中性线，已到达窃电目的。使用钳形电流表测量实际相线电流10A，中性线电流0.3A。

发现窃电异常后，台区经理及时通知客户到达现场，首先主动出示工作证件亮明我方身份，再确认客户实际身份，并向其表明我方的来意和目的，然后告知客户我们发现的现场疑点和初步检查数据，要求客户在场一起对表箱开展开箱检查，并对电能表实际运行环境、运行状况和运行数据进行测量记录。打开表箱前首先告知现场实际在用铅封已丢失，并已经对现场进行拍照取证。打开表箱后，发现电能表中性线和相线反接现象，使用钳形电能表测量进出线电流相差较大，属于明显的中性线和相线反接窃电，确认窃电行为后，工作人员立即对现场终止供电。

事后调查得知，该客户承认在××年10月经与熟人介绍认识了电工张×，利用专业知识告诉该客户可采用此方式窃电并且与供电公司"打好招呼"不会进行现场检查，该客户听信电工张×，随即在××年11月1日将趁着物业检查电能表时机，对电能表进行改造。根据客户口述事情发生的时间，并同时比对用电信息采集系统，确认该客户于××年11月1日起开始电量明显减少，两方时间相符，确认该用户实际窃电时间为11月1~8日，共计8天。最终该客户承认了自己的窃电事实并同意接受处理。

台区经理随即对用户下达《用电检查结果通知单》，告知窃电事实清楚，确认签字并在规定时间内到营业厅补缴电费及违约使用电费。完成现场检查后，工作人员通知供电所内勤人员及时在营销系统发起窃电处理流程，并录入相关资料、证据等。

查处依据

此案例符合《供电营业规则》第一百零三条规定，属于窃电行为。

事件处理

经查询营销系统，该用户实际使用电量未超过阶梯第一挡，故追补电费时电价按照第一挡计算：

追补电量为 $5 \times 0.22 \times 6 \times 8 = 52.8$（kW·h）。

追补电费为 $52.8 \times 0.56 = 29.57$（元）。

三倍违约使用电费为 $29.57 \times 3 = 88.71$（元）。

合计追缴为 $29.57 + 88.71 = 118.28$（元）。

暴露问题

（1）对计量表箱管理不合格，计量巡视流于表面，现场巡视周期过长，未能及时发现计量表箱破损。

（2）用电检查缺乏主动性，总是出现问题再去解决问题。

（3）供电所基层人员缺乏相应的专业知识，缺少处理相应问题的专业能力，不能做到及时发现问题、解决问题，只能一味求助于上级部门专业人员进行处理。

防范措施

（1）加强现场计量装置巡视巡察管控力度，加强计量表箱铅封管理，研究新型防盗铅封，使表箱更牢固、更安全。

（2）加强日常台区线损管控力度，做到日日查，如有问题及时处理。

（3）加强小区或村庄日常监督检查力度，明确责任到人。

（4）积极开展反窃电宣传，从源头及时遏制窃电产生。

章节总结

借用其他客户中性线或接地线用电，根据《供电营业规则》，属于绕越供电企业用电计量装置用电和故意使供电企业用电计量装置不准或者失效，属于窃电行为。

私装接地线有漏电、触电的风险，具有很大的安全隐患，这种窃电方式经常出现在农村地区。

对于此类窃电，用电检查人员在分析判断是否存在借中性线窃电问题，可从窃电户中性线和相线反接作为查窃电的突破口；同时供电所工作人员应熟练掌握辖区内客户用电负荷变化规律，充分利用用电信息采集系统或负荷管理系统对客户用电负荷进行实时监控，特别是对于当前用电负荷违背其实际变化规律，较上月或前几个月某段时间（可具体选择对比时间段）运行负荷大幅度减少的，应列为重点监控和检查对象，若通过采集系统查到中性线电流相线电流不平衡的情况，需要工作人员到现场核实清楚；加强装表接电的规范化管理，规范电能表安装接线，表尾接线安装完毕要及时封好接线盒盖，以免给窃电者以可乘之机。

第六章

互感器问题引起线损异常

1 智能的"眼睛"帮助我们全方位看守

查处经过

××年6月计量专业数据挖掘系统提取的计量异常工单数据显示户名为××村委会的专用变压器客户存在 C 相失压故障，需要属地单位检查核实。

供电中心联系计量部门，要求协助分析检查处理，计量中心工作人员首先通过电力用户用电信息采集系统查询当前状态和该用电客户的用电情况，分析当前的电压、电流数据。通过用电信息采集系统"采集业务"模块远程召测功能召测电能表实时电压、电流、功率等数据。当前电压数据显示计量箱内 C 相电压为0V，确实存在失压情况，同时 B 相二次电流也为0A，只有 A 相电压、电流以及相位角等数据正常但暂时不能确定是计量故障还是人为原因。

利用用电信息采集系统"统计查询"模块的"基础数据查询功能"对比该用户近三个月的日用电量信息，同时通过查看对比每日的电流、电压、功率、功率因数等曲线数据，查找发生计量异常的开始时间，查询发现近三个月内该客户始终存在 B 相二次电流回路断线（疑似）、C 相电压失压的情况。但无法查询90天之前的电流、电压、功率、功率因数等曲线数据。

由于用电信息采集系统权限设置的原因，普通 PC 端只能查询最近 3 个月的各项曲线数据，通过向省公司用电信息采集系统项目组提交调取数据的申请，由项目组从系统数据库调取该客户从现运行电能表安装第二日开始至今的电流、电压、功率、功率因数等曲线数据，通过分析比对发现该客户 B、C 相电压、电流分别在不同时间段多次交替发生失流和失压事件。

经与供电所客户经理沟通了解，该客户近几年未发生变压器设备故障（至少是发生设备故障以后未通知客户经理，客户自行维护维修），不存在检修过程中造成计量回路接线错误的可能性。

由此得出以下结论：

（1）造成此次计量异常工单的原因为现场运行电能表发生设备故障，需要通

73

过对现场电能表进行检验，确定电能表是否存在设备故障。

（2）造成此次计量异常工单的原因为人为故意，疑似窃电行为。

经与供电所、校表班联系沟通确需开展现场检验检查，开展现场用电检查工作前，对现场工作人员的现场职责以及具体工作分工进行明确说明，现场安全措施布置、现场数据测量记录、现场检查结果取证固证、现场与用电客户工作人员的沟通解释等，具体工作明确到每个现场用电检查工作的参与人员。整理检查现场使用的仪器设备和工器具，保证变比测试仪、相位表、电能表现场校验仪、行为记录仪等仪器设备电量充足使用可靠，操作杆、安全带等安全工器具试验合格功能齐全，安全帽、工具等数量充足配备齐全，检查所必需的各种手续办理完整齐备。

开始实施现场检查之前，通过用电信息采集系统"采集业务"模块远程召测功能召测电能表实时电压、电流、功率等数据，确定开展用电检查的时机，为避免客户阻挠检查或不配合检查，到达现场后迅速布置现场安全措施开始检查测量工作。

1）观察现场计量箱外观无破损，箱门有封印，未发现明显故障或外力损毁的痕迹。

2）互感器箱破损严重，电流互感器全部外漏，无封印。

3）检查核对电能表箱封印与装表工单登记的封印相符。

4）通过测量变压器低压出线电流，大致判定现场实际在运负荷功率，同时用电信息采集系统远程召测电能表记录的二次电流、电压、功率、相位角的数据，粗略计算对应的一次负荷，大致判断电能表记录用电参数是否与现场实际相符。

5）使用现场行为记录仪对现场检查过程进行全程视频记录，对测量的10kV一次电流值进行拍照取证。

经过检查可初步判断现场依然存在计量异常的问题，需要开表箱甚至是停电做进一步的检验检查。

通过供电所联系客户联系人，通知客户到达现场后首先向客户亮明我方人员身份，再确认客户实际身份，向其表明我方的来意和目的，然后告知客户我们发现的现场疑点和初步检查数据，要求客户在场一起对表箱开展开箱检查，并对电能表实际运行环境、运行状况和运行数据进行测量记录。打开表箱前请客户确认现场表箱封印完好，与装表时登记的封印号一致，并已经对现场在用封印进行拍照取证。

打开电能表箱后检查确认电能表接线正确未见明显异常，使用相位伏安表测量相位角确认电能表表尾电压、电流接线无误，使用电能表现场校验仪检查电能表确认电能表运行正常，电能表计量误差值在规定允许误差范围内，使用电流互感器变比现场测试仪核对变比以及电流二次回路发现判定变比与该客户档案变比信息不符，较档案记录变比偏大，判断现场实际运行互感器被刻意更换为大变比互感器或电流二次回路存在短接情况。此时基本可以判定该客户存在重大窃电嫌疑。需要对变压器实施停电，然后对现场安装的互感器以及二次回路进行检测检查。

对于停电检查的要求，用电客户以没有操作设备、低压负荷正在运行暂时无法停止等理由拒绝配合停电，并且提议让我方检查人员第二天再来核查。为避免客户隐匿窃电行为，我方现场人员经过商量之后一致认为必须当时当场检查出问题根源，找到窃电证据。供电所客户经理再三与客户沟通无果之后，现场工作人员联系公司调度室，通过远程控制直接操控该客户高压断路器进行停电，验电布置必要的安全措施之后，现场检查人员检查电流互感器发现，三只电流互感器变比均为150/5，三只电流互感器二次回路接线螺钉之间都被人为加装有短接线，并且C相电压线未压接在螺母下，存在电压线虚接的情况，如图6-1、图6-2所示。由此可确认该客户确实存在窃电行为，检查人员对互感器加装短接线的情况进行拍照取证。

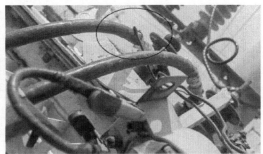

图 6-1　电流互感器二次回路接线　　　　　图 6-2　电压线虚接
　　　　螺钉加装短路线

通过此次检查还发现该客户除窃电之外还存在其他违约用电情况。电力营销业务应用系统（简称营销系统）显示该客户用电性质为农业排灌，执行电价为一般农业生产用电电价（1～10kV），现场实际负荷为机械加工类，用电性质应归为普通工业执行一般普通工业电价（1～10kV），客户看到检查结果后，对自己的窃电事实和违约用电情况全部予以承认，并在用电检查结果通知单上签字，并同意接受处理，随后供电所对该客户当场中止供电。

⚙ **查处依据**

此案例符合《供电营业规则》第一百零一条第一款，第一百零三条第五款规定，属于窃电行为同时存在违约用电行为。

📖 **事件处理**

窃电量计算：根据省电力公司用电信息采集系统项目组调取的该客户用电情况数据分析确定，窃电开始时间为××年3月10日6时15～30分。现场检查时测得变压器低压侧三相导线实际电流值均为80A左右,营销系统查询该户运行电流互感器变比为150/5。

3月份窃电量为 $80 \times 0.38 \times 1.732 \times 12 \times 21 = 13268$ (kW·h)。

4月份窃电量为 $80 \times 0.38 \times 1.732 \times 12 \times 30 = 18955$ (kW·h)。

5月份窃电量为 $80 \times 0.38 \times 1.732 \times 12 \times 31 = 19586$ (kW·h)。

6月份窃电量为 $80 \times 0.38 \times 1.732 \times 12 \times 30 = 18955$ (kW·h)。

7月份窃电量为 $80 \times 0.38 \times 1.732 \times 12 \times 5 = 3159$ (kW·h)。

查询营销系统3~7月电度电价单价表,见表6-1。

表6-1　　　　　　　　　3~7月电度电价单价表　　　　　　　[元/(kW·h)]

时间	一般普通工业电价（1~10kV）	一般农业生产用电电价（1~10kV）
3月	0.720379	0.4752
4月	0.718989	
5月	0.689629	
6月	0.66334	
7月	0.664913	

3月应追补电费为 $13268 \times 0.720379 = 9557.99$ (元),4月应追补电费为 $18955 \times 0.718989 = 13628.44$ (元),5月应追补电费为 $19586 \times 0.689629 = 13507.07$ (元),6月应追补电费为 $18955 \times 0.66334 = 12573.61$ (元),7月应追补电费为 $3159 \times 0.664913 = 2100.46$ (元)。

合计应追补电费为 $9557.99 + 13628.44 + 13507.07 + 12573.61 + 2100.46 = 51367.57$ (元)。

应追补违约使用电费 $51367.57 \times 3 = 154102.71$ (元)。

《供电营业规则》第一百零一条第一款规定,应追补4~6月电价差额电费及违约使用电费

查询营销系统获取该客户3~6月电量和电费数据,见表6-2。

表6-2　　　　　　　　　3~6月电量电费表　　　　　　　　[元/(kW·h)]

应收年月	总电量	应收金额
××年4月	2707	1286.37
××年5月	2862	1360.02
××年6月	1731	822.57

4月应追补差额电费为 $(0.718989 - 0.4752) \times 2707 = 659.94$ (元)。

5月应追补差额电费为 $(0.689629 - 0.4752) \times 2862 = 613.70$ (元)。

6月应追补差额电费为 $(0.66334 - 0.4752) \times 1731 = 325.67$ (元)。

合计应追补差额电费为 659.94＋613.70＋325.67＝1599.31（元）。

追补差额电费的违约使用电费 1599.31×2＝3198.62（元）应收取补交电费以及违约使用电费合计总金额为 51367.57＋154102.71＋1599.31＋3198.62＝210268.21（元）。

暴露问题

（1）基层单位日常工作过于繁重，用电检查工作职能被弱化甚至被忽视，对辖区内用电客户的用电需求缺少主动关注，不了解用电客户的实际用电情况。

（2）用电客户计量巡视工作流于形式，现场巡视周期过长，无法及时发现现场计量设备的变化。

（3）高压专用变压器客户计量箱"设备主人管理制度"不健全，没有明确管理巡视主体单位，造成小问题无人管、大问题牵连全体受罚的现象。

（4）基层单位具备专业用电检查知识技能的人员力量严重缺乏，用电检查的仪器设备配备不足，对现有检查设备的功能和用途缺乏学习了解。

（5）对发现问题的过程，过于依赖专业支撑部门，遇到中压线损波动情况，一味等待专业支撑部门的分析结果，缺少发现问题、解决问题的主观能动性。

防范措施

管理措施：

（1）加强现场计量装置巡视巡查管控力度。

（2）严格落实各类计量表计现场核抄的工作要求。

（3）明确各类计量装置的管理管辖责任与要求。

（4）加强反窃电的宣传与打击力度。

技术措施：

（1）加强电能表箱封印管理，使用不易被伪造、开启的新型防盗封印。

（2）加强用电检查专业的知识培训，提升基层一线人员的专业水平。

（3）增加现有技术手段针对异常问题的筛查频次，及时发现问题、处理问题。

（4）配备充足的现场取证固证设备，提升电量计算的准确度，为窃电处理提供更全面的支撑。

2 安逸之地干"不安逸"之事

查处经过

公司线损专项治理分析例会上，线损指标统计数据显示，某 10kV 配电线路长期以来线损指标忽高忽低，但是指标分析材料上并未明确说明指标上下波动的具体原因。查询公司配电线路一次系统图看到该 10kV 配电网线路中段安装有分段联络开关，线路末端与另一变电站出线 10kV 线路之间安装有联络开关，为环网互带的运行方式，可实现两条线路相互备用的效果。

通过配电网运行的 PMS 系统查询并导出该配电线路和与之存在联络关系的另一配电线路挂接变压器数量、客户（公用配电变压器）明细以及每一台变压器的运行状态（运行、暂停、拆除），通过电力营销业务应用系统（简称营销系统）对比营销系统用电客户基本信息，核对用电客户变压器用量、停电标识、当前用电状态等信息，对比营销系统工作单办理记录，核对用电客户变压器容量增减、暂停、暂停恢复信息，进一步核对用电客户在系统上的运行设备容量信息，对比营销系统计量装置模块下计量点运行状态，核对计量点运行状态是"运行、设立"状态还是"停用、拆除"状态。通过核对营销与配电网运行平台的系统信息，初步了解和掌握线路挂接关系以及挂接受电设备的系统运行状态。

联系配电网调度部门，获取一段时间内的配电网线路运行方式以及运行方式调整记录，整理出来该 10kV 配电网线路不同时间段的运行方式，对比线路的线损率以及损失电量，寻找线损波动与配电网运行方式之间是否存在有用的线索信息。

通过配电网运行方式与线损数据的比对，结合线路挂接用电客户受电变压器的运行、停用状态的变化信息，分段开展粗略线损分析比对，得出初步的大致分析结果，判别出进一步线损分析检查的大致方向见表 6-3。

表 6-3 　　　　　　　　　　　　　线损分析方向表

核查线路	不同运行方式下分段线损情况		
	被核查线路前段	被核查线路后段	关联线路
线损情况	有高有低		正常
	有高有低	正常	
	有高有低		

根据比对分析的结果，将下一步分析检查的重点调整至该 10kV 配电线路中间分段开关之前的部分。通过配电运行平台导出受电设备明细可看到，前半段线路挂接变压器一共 17 台，其中台区公用配电变压器 11 台，专用变压器客户 5 户（其中一户有两台变压器）。

首先，查看比对台区 11 台公用配电变压器，全部为正常运行变压器，多年来运行容量和运行状态未有调整变化，经过用电信息采集系统召测查询确认台区关口计量装置运行状态正常，计量各项数据正确无误，11 个台区低压线损率常年保持"优良"状态，线损率指标相对平稳，与线路线损率波动情况不存在对应关系，可以确定与该 10kV 线路线损异常升高没有起决定性的因果关系。

然后，查看对比专用变压器客户信息，通过营销系统逐户核对对比每月用电量，对比客户用电量的波动与线路线损波动是否存在关联关系。

通过用电信息采集系统查询每户的日负荷电流、功率曲线，重点查看最大负荷当天的电压、电流、功率、功率因数等曲线数据，通过用电信息采集系统召测电能表实时的电压、电流、功率、相位角等数据通过画向量图判断电能表接线是否正确（相位角数据必须在有一定用电负荷的情况下召测，否则数据可能会不准确，影响判断结果）。

通过努力比对分析发现某养老机构用电情况存在很多可疑现象，该客户供电变压器容量 250kVA，计量方式采用高供低计。被纳入下一步重点监控检查范围原因有三：①该客户每年存在多次暂停、暂停恢复的工单办理记录；②该客户除了一台 10kV 专用变压器电源外，还存在一路 380V 的台区低压供电电源，但是每次客户办理完"暂停恢复"手续，恢复专用变压器用电以后双电源总的用电量并没有很大增幅；③该客户办理恢复用电手续之后，线路线损都有升高的情况，并且线路损失电量与该客户电采系统抄读回的用电量成正比。

依据此判断结果，联合用电检查人员、供电所客户经理、计量中心外勤班，制订下一步开展现场检查方案。

首先，确定开展现场检查的时机，由于现在该客户处于变压器暂停状态，待客户办理恢复用电手续之后，由供电所客户经理负责受理恢复用电申请，并严格按《供电营业规则》的规定"用户申请恢复暂停用电容量用电时，须在预定恢复日前 5 天向供电企业提出申请"，受理申请后第一时间线损专工。

随后，线损专工收到通知之后重点关注记录该 10kV 配电线路的线损指标，并提请协调配电网调度配合，尽可能快地实现该线路前段独立供电运行，使得该客户恢复用电前后的线损数据对比更加清晰明了。

最后，在客户恢复用电之后，由用电检查人员持续关注该客户的用电情况，利用用电信息采集系统查询客户的电压、电流、功率、功率因数等曲线数据对比分析，召测电能表实时的电压、电流、功率、相位角等数据，通过画向量图判断电能表接线情况。

通过对比客户恢复用电前后的线损数据，发现客户恢复用电以后，线路线损率确有所升高。但是，通过召测电能表实时的电压、电流、功率、相位角等数据，发现各项数据并无异常，画向量图判断电能表接线正确。

联系用电检查人员、供电所客户经理、计量中心外勤班等相关人员准备前往现场，开展现场用电情况检查。

开展现场用电检查工作前，对现场工作人员的现场职责以及具体工作分工进行明确说明，现场安全措施布置、现场数据测量记录、现场检查结果取证固证、现场与用电客户工作人员的沟通解释等，具体工作明确到每个现场用电检查工作的参与人员。整理检查现场使用的仪器设备和工器具，保证变比测试仪、相位表、电能表现场校验仪、行为记录仪等仪器设备电量充足使用可靠，操作杆、安全带等安全工器具试验合格功能齐全，安全帽、工具等数量充足配备齐全，检查所必需的各种手续办理完整齐备。

开始实施现场检查之前，通过用电信息采集系统"采集业务"模块远程召测功能召测电能表实时电压、电流、功率等数据，确定开展用电检查的时机，为避免客户阻挠检查或不配合检查，到达现场后迅速布置现场安全措施开始检查测量工作。

1）观察现场计量箱外观无破损，箱门有封印，未发现明显故障或外力损毁的痕迹。

2）互感器箱外观完好无破损，箱门有封印，未发现明显故障或外力损毁的痕迹。

3）检查核对电能表箱封印与装表工单登记的封印相符。

4）通过测量变压器低压出线电流，大致判定现场实际在运负荷功率，同时用电信息采集系统远程召测电能表记录的二次电流、电压、功率、相位角的数据，粗略计算对应的一次负荷，大致判断电能表记录用电参数是否与现场实际相符。

5）使用现场行为记录仪对现场检查过程进行全程视频记录，对测量的低压一次电流值进行拍照取证。

经过检查可初步判断现场依然存在计量异常的问题，需要开表箱甚至是停电做进一步的检验检查。

通过供电所联系客户联系人，通知客户到达现场后首先向客户亮明我方人员身份，再确认客户实际身份，向其表明我方的来意和目的，然后告知客户我们发现的现场疑点和初步检查数据，要求客户在场一起配合对表箱开展开箱检查，并对电能表实际运行环境、运行状况和运行数据进行测量记录。打开表箱前请客户确认现场表箱封印完好，与装表时登记的封印号一致，并已经对现场在用封印进行拍照取证。

打开电能表箱后检查确认电能表接线正确未见明显异常，使用相位伏安表测量相位角确认电能表表尾电压电流接线无误，使用电能表现场校验仪检查电能表确认电能表运行正常。

电能表计量误差值在规定允许误差范围内，使用电流互感器变比现场测试仪核对变比与该客户档案变比不符，营销系统档案记录该客户计量装置配备的低压电流互感器为400/5，现场使用电流互感器变比现场测试仪实际测量一、二次电流计算的变比为 2000/5。判断现场实际运行互感器被刻意更换为大变比互感器或电流二次回路存在短接情况。此时基本可判定该客户存在重大窃电嫌疑，需要对变压器实施停电，然后对现场安装的互感器以及二次回路进行检测检查。

对于停电检查的要求，用电客户以没有操作设备、电工今天未上班、低压负荷正在运行暂时无法停止等理由拒绝配合停电，并且提议让我方检查人员第二天再来核查。为避免客户隐匿窃电行为，我方现场人员经过商量之后一致认为必须当时当场检查出问题根源，找到窃电证据。供电所客户经理再三与客户沟通无果之后，一方面向公司领导汇报现场情况，经领导同意并批准以后，现场工作人员联系公司配电网调度室，办理相关停电手续之后，通过远程控制直接操控该客户高压断路器进行停电；另一方面联系所在社区工作人员或派出所，向其说明现场情况邀请其作为第三方共同参与检查，同时利用手机 App 向 95598 办理报备手续，避免客户恶意投诉给公司带来负面影响。

停电、验电布置必要的安全措施之后，现场检查人员检查电流互感器未发现异常，互感器资产信息与营销系统档案信息相符，利用互感器现场校验仪检测互感器变比与名牌标定变比一致，单独测量计量二次电缆各相电压、电流导线未发现异常。当把二次电缆重新连接回电流互感器，从二次电缆的接表端再次测量互感器变比的时候，发现实测变比与互感器名牌标注变比不符，实测值明显大于标注值。

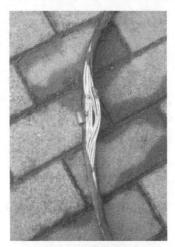

图 6-3 剥开保护层发现铜导线连接 S1、S2

单独取下二次电缆，拆除干净表面污渍以后，发现电缆中间部位外保护层有被烧损的痕迹，使用万用表逐相测量三相电流二次回路的 S1、S2 导线，三相的 S1、S2 导线均为连通状态。剥开二次电缆保护层看到三相电流二次回路的 S1、S2 导线之间均存在铜导线连接，使三相的电流二次回路均处于被短接的状态，如图 6-3 所示。

由此可确认该客户确实存在窃电行为，检查人员对短接二次电流回路的情况进行拍照取证。由于客户对检查结果拒不认可，并且拒绝在《用电检查单》和《违约用电、窃电检查结果通知单》上签字，现场用电检查人员在通知单客户签字区域填入"客户拒签"，之后用电检查人员将《用电检查单》和《违约用电、窃电检查结果通知单》连同现场检查的视频一并上传反窃电平台，按照《供电营业规则》第一百零四条的规定对该客户当场予以中止供电。

⚙ 查处依据

此案例符合《供电营业规则》第一百零三条第五款规定，属于窃电行为。

📖 事件处理

根据省电力公司用电信息采集系统项目组调取的该客户用电情况数据开展分析研判，××年3月16日之前三个月日均电量约为3100kW·h，二次平均电流约为2.5～3.5A，3月16日之后用电信息采集系统数据库信息显示电能表各项数据均显示缺失，××年5月15日之后用电信息采集系统数据库恢复对该户电能表各项数据采集记录，5月15日之后的日均电量较××年同期和××年前三个月都有明显降低，同时二次电流值也明显变小。同时对比该客户380V低压供电电源的用电情况，各项对比均无明显变化。查询营销系统工作单办理记录得知，××年3月16日～5月15日该客户10kV供电变压器运行状态为"暂停"状态，所以用电信息采集系统数据库信息显示电能表各项数据均显示缺失，由此可判定窃电开始时间应以该客户变压器暂停恢复时间开始计算。

查询营销系统暂停恢复工单流转记录，找到对应的电能表方案，确定办理暂停恢复使得电能表示值为：正向有功总示数2018.52，正向无功总示数1010.24，现场检查时抄录电能表正向有功总示值2729.38，正向无功总示数为1500.87，营销系统显示综合倍率为80倍。根据现场检查时实际测量的结果计算计量误差少计80%。

据此计算窃电量为：

有功电量（2729.38－2018.52）×80÷（1－80%）－（2729.38－2018.52）×80＝227475（kW·h）。

无功电量（1500.87－1010.24）×80÷（1－80%）－（1500.87－1010.24）×80＝157001（kvar·h）。

按《供电营业规则》第一百零四条的规定需对该客户追补三倍违约使用电费。

查询营销系统该客户档案信息，确定该客户执行电价为居民生活合表电价（>1kV）0.529元/（kW·h），功率因数考核标准为不考核。

计算应追补电量电费为227475×0.529＝120334.28（元）。

计算应追补违约使用电费为120334.28×3＝361002.84（元）。

应收取补交电费以及违约使用电费合计总金额为120334.28＋361002.84＝481337.12（元）。

暴露问题

（1）基层单位日常工作过于繁重，用电检查工作职能被弱化甚至被忽视，对辖区内用电客户的用电需求缺少主动关注，不了解用电客户的实际用电情况。

（2）用电客户计量巡视工作流于形式，现场巡视周期过长，无法及时发现现场计量设备的变化。

（3）基层单位具备专业用电检查知识技能的人员力量严重缺乏，用电检查的仪器设备配备不足，对现有检查设备的功能和用途缺乏学习了解。

（4）对发现问题的过程，过于依赖专业支撑部门，遇到中压线损波动情况，一味等待专业支撑部门的分析结果，缺少发现问题、解决问题的主观能动性。

防范措施

管理措施：

（1）加强现场计量装置巡视巡查管控力度。

（2）严格落实各类计量表计现场核抄的工作要求。

（3）明确各类计量装置的管理管辖责任与要求。

（4）加强反窃电的宣传与打击力度。

技术措施：

（1）加强电能表箱封印管理，使用不易被伪造、开启的新型防盗封印。

（2）加强用电检查专业的知识培训，提升基层一线人员的专业水平。

（3）增加现有技术手段针对异常问题的筛查频次，及时发现问题、处理问题。

（4）配备充足的现场取证固证设备，提升电量计算的准确度，为窃电处理提供更全面的支撑。

3　私自更改短接互感器

查处经过

××年 4 月 27 日，国网××供电公司计量中心开展计量异常数据监测时发现，辖区内某专用变压器用户××车业有限公司存在 A 相电流失流情况，需要国网××县供电公司计量专业开展相关异常治理工作。

国网××县供电公司计量专业工作人员收到异常工单后，首先通过电力客户用电信息采集系统查询当前状态该用电客户的用电情况，分析当前的电压、电流数据。通过用电信息采集系统"采集业务"模块远程召测功能召测电能表实时电压、电流、功率等数据，当前电流数据显示该用户所用电能表内 A 相电流为 0A，确实存在失流情况。B、C 相电流值正常。A、B、C 相电压均正常，暂时不能确定是计量故障还是人为原因。

利用用电信息采集系统基础数据查询功能对比该用户近期的日用电量信息，同时通过查看对比每日的电流、电压、功率、功率因数等曲线数据，查找发生计量异常的开始时间，查询发现近三个月内该客户始终存在 A 相二次电流回路断线的情况，但无法查询 90 天之前的电流、电压、功率、功率因数等曲线数据。

由于用电信息采集系统数据访问权限设置的原因，普通用户前台只能查询到最近 3 个月的各项曲线数据，通过向省电力公司用电信息采集系统项目组提交调取数据的申请，由项目组从系统数据库调取该客户从现运行电能表安装第二日开始至今的电流、电压、功率、功率因数等曲线数据，通过分析比对调取的数据库数据发现该客户 A、C 相二次电流多次出现交替失流情况且失流现象具有非连续性、非完全性，与用户所用负荷大小相关。在用电负荷、电流不平衡差别不明显，当用电负荷大时会仅有微弱电流通过，如图 6-4、图 6-5 所示。

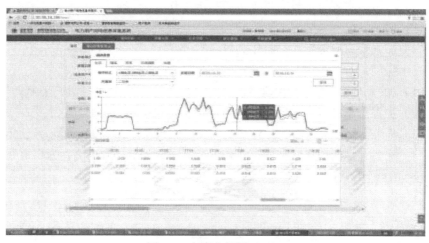

图 6-4　电流曲线图（一）

经与供电所客户经理了解得知，该客户自投运以来未发生变压器设备故障，不存在检修过程中造成计量回路接线错误的可能性。由此确定造成此次计量异常工单的原因为现场运行电能表或互感器发生设备故障，需要通过对现场电能表和互感器进行检验，确定电能表和互感器是否存在设备故障。但因故障的发生具有非连续性且与负荷大小有关联，工作人员更偏向于人为故意造成的计量异常，怀疑存在窃电行为，所以确定作为窃电线索开展现场排查工作。

图 6-5　电流曲线图（二）

　　确定开展现场检查工作后，由国网××县供电公司计量班、稽查班和辖区供电所共四名人员组成检查小组。开展现场用电检查工作前，对现场检查人员的现场职责以及具体工作分工进行明确说明，现场安全措施布置、现场数据测量记录、现场检查结果取证固证、现场与用电客户工作人员的沟通解释等，具体工作明确到每个现场用电检查工作的参与人员。整理检查现场使用的仪器设备和工器具，保证变比测试仪、相位表、电能表现场校验仪、行为记录仪等仪器设备电量充足使用可靠，操作杆、安全带等安全工器具试验合格功能齐全，安全帽、工具等数量充足配备齐全，检查所必需的各种手续办理完整齐备。提前将用户户名、户号、电能表资产编号等基本信息填入用电检查通知单。通过用电信息采集系统"采集业务"模块远程召测功能召测电能表实时电压、电流、功率等数据，确定开展用电检查的时机。

　　到达现场后为避免客户阻挠检查或不配合检查，迅速布置现场安全措施开始检查测量工作。按反窃电取证要求，利用行为记录仪进行全程录像。首先观察现场计量箱外观无破损，箱门封印完好，未发现明显故障或外力损毁的痕迹。查询系统确认该表箱存在施封记录，现场所加封印编号与系统记录封印编号不一致，怀疑该表箱确实存在未经许可开启的情况。开箱后，对箱内线路进行了仔细检查，无明显外接线痕迹。电能表封印完好，外观无明显开盖痕迹，利用掌机召测电能表开盖记录显示为 0，表尾螺钉接触紧固不存在虚接现象，电压、电流连片均正常。接线盒封印完好，连片正常。测量 A、B、C 相接线盒前、表尾前电流值与电能表中示值对比一致，基本排除电能表存在异常的情况。重点对电流互感器进行检查。使用一、二次电流测量仪器对 A、B、C 相上安装的电流互感器一、二

次侧电流进行测量发现，现场情况与用电信息采集系统远程召测情况一样，A 相

二次电流几乎为零，但一次侧电流正常。对 A 相电流互感器进行细致检查时发现，电流互感器接线端子处有一根铜丝短接，如图 6-6 所示，由此确认导致 A 相失流的原因即为该铜丝短接引起且为人为故意短接致使一相失流以达到漏极电量的目的，可以认定为窃电行为。

图 6-6　电流互感器接线端子处有一根铜丝短接

检查人员对电流互感器短接铜丝位置，A 相一、二次电流测量值进行了拍照取证。通过客户经理联系客户联系人，通知客户到达现场后，首先向客户亮明我方人员身份，再确认客户实际身份，向其表明我方的来意和目的。将所有情况告知用户后，当场根据检查情况开具用电检查通知单，并要求用户签字确认。在面对充足的物证情况下，用户最终在检查通知单上签字。检查人员现场对客户进行了停电，将三相电流互感器拆下作为物证留存，对所在表箱重新施加封印并将封印编号录入系统。通知用户约定时间到所辖供电所进行窃电处理后，即可恢复供电。

查处依据

此案例符合《供电营业规则》第一百零三条规定，属于窃电范围。

此案例根据客户正常期间电流特性判断用户三相负荷基本平衡，因 B 相未出现过失流，可按比例推算用户漏计电量。以此为前提根据用电信息采集系统历史记录示数确定窃电量。该客户变压器运行容量 160kVA，互感器综合倍率为 60 倍。追补电费按一般工商业电价计算。

事件处理

追补电量如下：

××年 12 月 16 日 17 时 30 分，C 相开始失流，A、B 两相正常。表计示数为 3933.63。

××年 12 月 23 日 19 时 15 分，A 相开始失流，B 相正常，表计示数为 4031.26。××年 12 月 16 日 17 时 30 分～××年 12 月 23 日 19 时 15 分计量电量（4031.26－3933.63）×60＝5857.8（kW•h），漏计 C 相一相电量 5857.8÷2＝2928.9（kW•h）。

××年 12 月 24 日 12 时 30 分，C 相电流恢复正常，A 相继续失流，表计示

数为 4036.44。××年 12 月 23 日 19 时 15 分～××年 12 月 24 日 12 时 30 分计量电量（4036.44－4031.26）×60＝310.8（kW·h），漏计 A、C 相两相电量 310.8×2＝621.6（kW·h）。

××年 1 月 23 日 17 时 45 分，A 相恢复，表计示数为 4332.95。××年 12 月 24 日 12 时 30 分～××年 1 月 23 日 17 时 45 分计量电量（4332.95－4036.44）×60＝17790.6（kW·h），漏计 A 相一相电量 17790.6÷2＝8895.3（kW·h）。

××年 5 月 13 日 8 时，A 相电流开始失流，表计示数为 5588.86。××年 1 月 23 日 17 时 45 分～××年 5 月 13 日 8 时未漏计电量。

××年 5 月 26 日 16 时 15 分，A 相恢复，表计示数为 5801.54。××年 5 月 13 日 8 时～××年 5 月 26 日 16 时 15 分计量电量（5801.54－5588.86）×60＝12760.8（kW·h），漏计 A 相一相电量 12760.8÷2＝6380.4（kW·h）。

××年 6 月 13 日 8 时 15 分 A 相开始失流，表计示数为 6115.99。××年 5 月 26 日 16 时 15 分～××年 6 月 13 日 8 时 15 分未漏计电量。

××年 7 月 15 日 10 时 30 分 A 相电流恢复，表计示数为 6494.57。××年 6 月 13 日 8 时 15 分～××年 7 月 15 日 10 时 30 分计量电量（6494.57－6115.99）×60＝22714.8（kW·h），漏计 A 相一相电量 22714.8÷2＝11357.4（kW·h）。

××年 12 月 7 日 12 时，A 相电流开始失流，表计示数为 7993.56。××年 7 月 15 日 10 时 30 分～××年 12 月 7 日 12 时未漏计电量。

××年 12 月 25 日 17 时 15 分，A 相电流恢复，表计示数为 8168.07。××年 12 月 7 日 12 时～××年 12 月 25 日 17 时 15 分计量电量（8168.07－7993.56）×60＝10470.6（kW·h），漏计 A 相一相电量 10470.6÷2＝5235.3（kW·h）。

××年 1 月 2 日 14 时 30 分，A 相电流失流，表计示数为 8208.75。××年 12 月 25 日 17 时 15 分～××年 1 月 2 日 14 时 30 分未漏计电量。

××年 4 月 27 日 11 时 30 分 A 相电流恢复，表计示数为 9286.01。××年 1 月 2 日 14 时 30 分～××年 4 月 27 日 11 时 30 分计量电量（9286.01－8208.75）×60＝64635.6（kW·h），漏计 A 相一相电量 64635.6÷2＝32317.8（kW·h）。

合计窃电电量为 2928.9＋621.6＋8895.3＋6380.4＋11357.4＋5235.3＋32317.8＝67736.7（kW·h）。

追补电费为 67736.7×0.585＝39625.97（元）。

三倍违约使用电费为 39625.97×3＝118877.91（元），合计追缴为 39625.97＋118877.91＝158503.88（元）。

💡 暴露问题

（1）表箱巡视不仔细，在表箱巡视中未核对封印编号是否与系统登记一致，致使用户私自拆封利用网购的相同外观封印蒙混过关，制造未破坏封印假象。

（2）计量异常监控不力，用户管理单位计量专业对用户计量异常管控治理力度不足，造成该户该类型问题持续存在，指导上级管理单位监控发现才予以处理。

防范措施

管理措施：

（1）加强现场计量装置巡视巡查管控力度。

（2）严格落实各类计量表计现场核抄的工作要求。

（3）明确各类计量装置的管理管辖责任与要求。

（4）加强反窃电的宣传与打击力度。

技术措施：

（1）加强电能表箱封印管理，使用不易被伪造、开启的新型防盗封印。

（2）加强用电检查专业的知识培训，提升基层一线人员的专业水平。

（3）增加现有技术手段针对异常问题的筛查频次，及时发现问题、处理问题。

（4）配备充足的现场取证固证设备，提升电量计算的准确度，为窃电处理提供更全面的支撑。

4 细心之举发现大漏洞

查处经过

××供电所在开展专用变压器用电客户电费催收的时候，客户发现×小机械加工厂电费较之前大幅降低。客户经理敏锐地察觉出该客户电费情况存在的异常，事后以优质服务电话回访的形式电话联系该客户负责人，经电话沟通侧面了解得知，该企业近期一直正常生产，没有停产或较长时间的设备检修工作。

随后，该客户经理将发现的疑点向供电所长进行反映，供电所长电话通知电费审核班组，请协助核实该客户电费金额计算是否正确，经过沟通确认，该客户电费计算过程中，各项参数与计费策略均正确，不存在电费计算差错。通过用电信息采集系统核对每月抄表例日的电能表冻结示数，通过初步核对，发现用电信息采集系统远程抄表通信状态正常，电能表自动抄表功能正常，每天记录冻结的各项电能表数据保存状态正常。

利用用电信息采集系统"统计查询"模块的"基础数据查询功能"查询该用

户近一个月的日用电量信息，每天零点抄回的电能表冻结数据为连续且随日期递增，证明电能表还在走字。随机抽选一天查看当天电能表记录的电压、电流等曲线数据，查看各单项数据未发现异常。

通过用电信息采集系统"采集业务"模块远程召测功能召测电能表实时电压、电流、功率、相位角等数据，通过画向量图判断电能表接线是否正确（相位角数据必须在有一定用电负荷的情况下召测，否则数据可能会不准确，影响判断结果）。通过对召测回来的实时用电数据进行分析得知，电压、电流数据正常，但相位角数据存在异常，三个相位角分别为 13°、72°、51°，据此画向量图分析后，判断现场可能存在电能表错误接线的情况，需要前往现场进行检查确认。

开展现场用电检查工作之前，首先，利用营销系统核实确认用电客户基础信息，确认客户电能表信息、互感器信息、近几个月的用电量情况、缴费情况、用电性质、变压器容量、上一次计量装置更换或检查后现场施封登记记录等信息。便于现场检查时核对；然后，对现场工作人员的现场职责以及具体工作分工进行明确说明，现场安全措施布置、现场数据测量记录、现场检查结果取证固证、现场与用电客户工作人员的沟通解释等，具体工作明确到每个现场用电检查工作的参与人员。整理检查现场使用的仪器设备和工器具，保证变比测试仪、相位表、电能表现场校验仪、行为记录仪等仪器设备电量充足使用可靠，操作杆、安全带等安全工器具试验合格、功能齐全，安全帽、工具等数量充足配备齐全，检查所必需的各种手续办理完整齐备。

开始实施现场检查之前，通过用电信息采集系统"采集业务"模块远程召测电能表实时电压、电流、功率等数据，确定开展用电检查的时机，为避免客户阻挠检查或不配合检查，到达现场后迅速布置现场安全措施开始检查测量工作。

1）观察现场计量箱外观无破损，箱门缺失封印，未发现明显故障或外力损毁的痕迹。

2）互感器箱外观完好无破损，箱门有封印，未发现明显故障或外力损毁的痕迹。

3）检查核对计量装置箱门封印与装表工单登记的封印是否相符。

4）通过测量变压器低压出线电流，大致判定现场实际在运负荷功率，同时用电信息采集系统远程召测电能表记录的二次电流、电压、功率、相位角的数据，粗略计算对应的一次负荷，大致判断电能表记录用电参数是否与现场实际相符。

5）使用现场行为记录仪对现场检查过程进行全程视频记录，对测量的低压一次电流值进行拍照取证。

经过检查初步判断现场依然存在计量异常的问题，需要开表箱甚至是停电作进一步检验检查的，应通知用电客户相关负责人到场，然后再打开计量箱开展进一步检查工作。

通过供电所客户经理联系客户相关负责人，通知客户到达现场后首先向客户亮明我方人员身份，再确认客户实际身份，向其表明我方的来意和目的，然后告知客户我们发现的现场疑点和初步检查数据，要求客户在场一起配合对表箱开展开箱检查，并对电能表实际运行环境、运行状况和运行数据进行测量记录。打开表箱前请客户确认现场表箱封印完好，与装表时登记的封印号一致，并已经对现场在用封印进行拍照取证。

打开电能表箱经检查发现，表箱内低压线路导线为近期刚刚更换的新导线，计量二次回路的连接线有明显被重新调整过的痕迹，进一步检查整个计量二次回路接线发现 B、C 相电压二次导线接线错误并且 B、C 相电流二次回路导线极性接反（现场表尾实际接线组别为：第一原件 U_aI_a、第二原件 U_c-I_b、第三原件 U_b-I_c）。此种接线方式严重影响电能表的准确计量，如图 6-7 所示。使用相位伏安表测量表尾各项计量参数，第一原件电压 238V、电流 2.4A、电压电流夹角为 10°；第二原件电压 238V、电流 2.3A、电压电流夹角为 71°；第三原件电压 238V、电流 2.4A、电压电流夹角为 51°。使用电能表现场校验仪对电能表进行现场校验，确定表计误差正常。使用互感器

图 6-7　B、C 相电流二次回路导线极性接反

现场校验仪对互感器变比进行校验核对，确定互感器变比信息正确。检查完所有项目之后开始现场整理测量数据，并在数据记录本上要求客户予以签字确认。通过相位表测量数据画向量图分析错误接线形式，并计算更正系数 K。

$$K=P/P'=3UIcos\varphi/UIcos\varphi+UIcos(60°+\varphi)+UIcos(60°-\varphi)$$
$$=3cos\varphi/cos\varphi+(1/2)cos\varphi (1/2)cos\varphi$$
$$=1.5$$

通过理论计算，确定此种错误接线形式在三相负荷平衡状态的时候，电能表有功电量将少计 1/3 相位伏安表测量表尾各项计量参数记录，如图 6-8 所示。

由此可确认该客户确实存在窃电行为，检查人员现场接线情况以及测量结果进行拍照取证，填写《用电检查单》和《违约用电、窃电检查结果通知单》并要求客户签字确认。之后用电检查人员将《用电检查单》和《违约用电、窃电检查结果通知单》连同现场检查的视频一并上传反窃电平台，对该客户的窃电行为进

行线上报备，避免客户恶意投诉给公司带来负面影响。按照《供电营业规则》第一百零四条的规定对该客户应当予以中止供电。客户负责人对检查过程以及判定结果表示认可，愿意接受供电公司的处理。但因生产经营的需要，请求供电公司暂时不要中止供电，现场检查人员经请示单位领导并经领导批准，本着服务用电客户，服务经济发展的大局观，在客户负责人履行所有签字确认手续并经现场人员拍照取证确认之后，对现场现行更正错误接线，确保电能表可以准确计量，允许该客户现场继续用电进行正常生产。

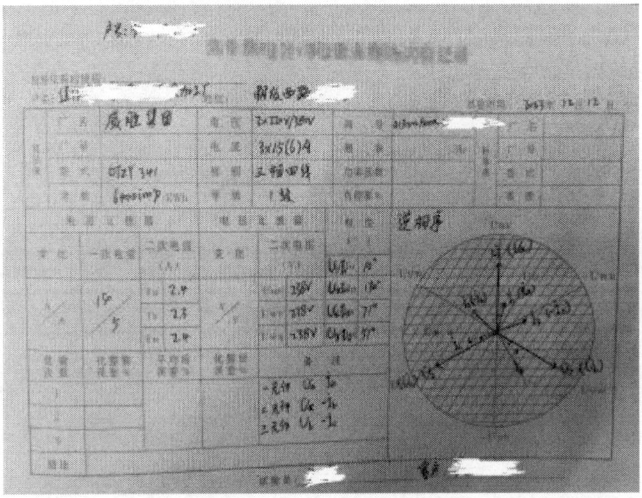

图 6-8　伏安相位记录图

查处依据

此案例符合《供电营业规则》第一百零三条规定，属于窃电行为，窃电量按照第一百零五条计算。

事件处理

窃电量计算：利用用电信息采集系统的"统计查询"模块的"基础数据查询功能"查询该户电能表的电流、电压、功率等数据，通过对比用电数据确定窃电开始时间。通过查询比对发现该客户今年 8 月 6 号的用电数据存在以下疑点：①这天上午该客户用电信息采集数据显示该户有约 2.5h 的停电记录，查询同线路的其他用电客户，当天没有停电记录，这说明当天该客户是单独停电；②对比停电时间段前后 3 天的电压曲线，电压未见明显波动；③对比停电时间段前后 3 天的电流曲线，电压未见明显波动；④对比停电时间段前后 3 天的有功功率曲线，发现停电时间段之后的总有功功率和三相分别对应的各相有功功率，发现总有功功率和 B、C 相有功功率都有非常明显的下降。由此可判定，窃电开始时间应从 8 月 6 日开始计算，至 12 月 12 日恢复正常计量为止，前后一共 123 天。

由于客户私自采用移相更改计量二次回路接线的手段，造成供电公司所安装的电能表少计电量，根据错误接线方式计算得出的更正系数，结合窃电期间电能表的有功示数分别计算各月的窃电量。营销系统显示该客户变压器容量为 80kVA，计量综合倍率为 30 倍。根据现场检查时实际测量的结果计算计量误差少计 1/3。查询电采系统，确认 8 月 6 日窃电开始时刻的电能表有功总示数为 2826.39，12 月 12 日现场检查时抄读的电能表有功总示数为 4900.83，同时查询窃电期间各抄表例日的有功总冻结数据 8～12 月各时间节点电能表起止码见表 6-4。

表 6-4　　　　　　　　　　8～12 月电能表起止码

时间	电能表有功起示数	电能表有功止示数
8 月	2826.39	3246.33
9 月	3246.33	3743.3
10 月	3743.3	4162.58
11 月	4162.58	4665.4
12 月	4665.4	4900.83

8 月窃电量为（3246.33－2826.39）×30×（1.5－1）＝6299（kW·h）。

9 月窃电量为（3743.3－3246.33）×30×（1.5－1）＝7454（kW·h）。

10 月窃电量为（4162.58－3743.3）×30×（1.5－1）＝6289（kW·h）。

11 月窃电量为（4665.4－4162.58）×30×（1.5－1）＝7542（kW·h）。

12 月窃电量为（4900.83－4665.4）×30×（1.5－1）＝3531（kW·h）。

查询营销系统 8～12 月各月电度电价单价见表 6-5 所示。

表 6-5　　　　　　8～12 月执行电价表　　　　　　[元/（kW·h）]

时间	一般普通工业电价（1～10kV）
8 月	0.720379
9 月	0.718989
10 月	0.689629
11 月	0.66334
12 月	0.664913

8 月应追补电费为 6299×0.720379＝4537.67（元）。

9 月应追补电费为 7454×0.718989＝5359.34（元）。

10 月应追补电费为 6289×0.689629＝4337.08（元）。

11 月应追补电费为 7542×0.66334＝5002.91（元）。

12 月应追补电费为 3531×0.664913＝2347.81（元）。

合计应追补电费为 4537.67＋5359.34＋4337.08＋5002.91＋2347.81＝21584.81（元）。

处理结果按《供电营业规则》第一百零四条的规定需对该客户追补三倍违约使用电费。

计算应追补违约使用电费为 21584.81×3＝64754.43（元）。

应收取补交电费以及违约使用电费合计总金额为 21584.81＋64754.43＝86339.24（元）。

暴露问题

（1）基层单位日常工作过于繁重，用电检查工作职能被弱化甚至被忽视，对辖区内用电客户的用电需求缺少主动关注，不了解用电客户的实际用电情况。

（2）用电客户计量巡视工作流于形式，现场巡视周期过长，无法及时发现现场计量设备的变化。

（3）基层单位具备专业用电检查知识技能的人员力量严重缺乏，用电检查的仪器设备配备不足，对现有检查设备的功能和用途缺乏学习了解。

（4）对发现问题的过程，过于依赖专业支撑部门，遇到中压线损波动情况，一味等待专业支撑部门的分析结果，缺少发现问题、解决问题的主观能动性。

防范措施

管理措施：

（1）加强现场计量装置巡视巡查管控力度。

（2）严格落实各类计量表计现场核抄的工作要求。

（3）明确各类计量装置的管理管辖责任与要求。

（4）加强反窃电的宣传与打击力度。

技术措施：

（1）加强电能表箱封印管理，使用不易被伪造、开启的新型防盗封印。

（2）加强用电检查专业的知识培训，提升基层一线人员的专业水平。

（3）增加现有技术手段针对异常问题的筛查频次，及时发现问题、处理问题。

（4）配备充足的现场取证固证设备，提升电量计算的准确度，为窃电处理提供更全面的支撑。

5 意料之外的客户

查处经过

按公司总体工作部署，配电网部门计划对某 6kV 配电线路进行全面升压改造，计划对某 6kV 配电线路全线 106 基杆塔、11 条分支线路、58 台公用配电变压器台区，27 户高压专用变压器客户 6kV 侧供用电设备进行逐步分段分时开展 6kV 升 10kV 的升压改造工程，升压改造工程第一阶段工作，将 6kV 配电线路主干线部分以及主要分支线部分线路由以前的单回路单馈线供电运行改为 6、10kV 同杆双回路运行模式，其中 10kV 线路实现配电网环线运行。第二阶段开始逐步将用电负荷从 6kV 线路向 10kV 线路转移，当第三批次 5 台路灯专用变压器转移供电线路，负荷转移至 10kV 配电线路以后，发现该 10kV 线路线损率明显增高。

供电中心线损专工发现该 10kV 配电线路线损异常情况以后，第一时间通知属地供电所核实排查线损异常原因，供电所线损责任人接到核查任务开始分析查找线损异常原因。

第一，通过线损一体化平台查询该 10kV 线路每天线损率、损失电量等数据，了解各项具体线损指标，查找线损异常的时间拐点，然后针对时间拐点前后的供用电各项指标数据开展比对分析，查找疑点数据分析各项相关的线索数据。

第二，联系调度、配电网、升压改造施工单位等相关部室，核实 10kV 配电线路的实际投退运和实际负荷挂接关系，确认线路各系统电子化运行图与已办理的投退运手续相符。

第三，核实现场实际线路运行方式以及用电符合挂接关系与各系统电子化运行图是否相符，现场是否存在挂接错误的情况。

经过初步核实确认，现场核实实际负荷挂接关系与系统挂接关系一致，不存在挂接错误的情况，也不存在业扩新增未登记客户。线损率突增的时间拐点发生在第三批次 5 台路灯专用变压器供电线路发生转移之后。查询负荷转移前后原 6kV 线路线损率指标，发现 5 台路灯专用变压器转接至 10kV 线路之后，6kV 线路线损率较之前有所下降。由此可初步判断，引起 10kV 线路线损率增高的原因来自升压改造的 5 台路灯专用变压器。

根据初步的判断结果，首先有针对性地对 5 台路灯专用变压器开展用电数据分析，利用电力营销业务应用系统（简称营销系统）"客户统一视图"模块查询上述 5 台路灯专用变压器的变压器容量、用电量、计量装置信息等相关信息。

通过电力客户用电信息采集系统的"统计查询"模块的"基础数据查询功能"逐一查询每户电能表的电流、电压、功率等数据，查看是否存在表计失压、失流的情况。通过查询比对近三个月的用电数据，5 户路灯变压器均未发现用电异常数据。

通过用电信息采集系统"采集业务"模块远程召测电能表实时电压、电流、功率、相位角等数据，经计算分析各项数据未发现用电异常数据。

考虑到路灯变压器用电负荷的特点，开展现场用电检查只能在夜间开展。在开展用电现场检查工作之前首先按制度规程要求办理开展夜间用电现场检查工作的相关审批手续，制订相应的安全保障措施方案。整理检查现场使用的仪器设备和工器具，保证变比测试仪、相位表、电能表校验仪、行为记录仪等仪器设备电量充足使用可靠，操作杆、安全带等安全工器具试验合格功能齐全，安全帽、工具、夜间照明灯具等数量充足，配备齐全。

开展夜间现场检查之前供电所客户经理电话通知路灯管理单位，要求他们派人配合开展现场检查，对方以夜间值班人员无法离岗为由婉言拒绝配合我们的夜间检查工作，但对方表示我们单位人员可以单方面开展检查工作，如检查发现问题可以第二天上班以后再联系通知他们。

当现场检查到第四台路灯变压器时发现，该路灯变压器为箱式变压器，现场采用高供低计的计量方式，电能表和计量互感器全部安装在箱式变压器低压柜内，电能表与互感器柜门缺失封（锁），电能表表尾和二次回路联合接线端子盒盖缺失封印。使用电能表现场校验仪校验电能表误差正常，使用相位伏安表测量电能表表尾电压、电流、相位角等数据，确认电压、电流、功率等数据与电能表屏显数据一致，相位角与相应用电负荷特性保持一致，表箱内计量二次接线正确无误。由于箱式变压器低压侧母排较宽，普通钳形电流表无法测量低压实际电流大小。利用箱式变压器自带的电流仪表读取的各项电流值与电能表显示的电流值比对之后发现二者相差较大。使用高压变比测试仪测量变压器高压侧电流值，利用高压侧电流值乘以 25，大致计算判断变压器低压电流值，然后根据营销系统上查到的电流变比计算二次电流值，根据计算得到的二次电流值对比电能表屏显二次电流值，发现电能表屏显二次电流值明显小于计算得到的二次电流值，由此判断该处变压器计量装置存在问题，需要进一步检查核实具体问题原因。

打开互感器室柜门发现，现场计量用电流互感器与测量仪表共用一组电流互感器，计量电流二次回路导线与测量电流二次回路导线一起并联接入电流互感器二次接线柱处，由于两套电流回路并联造成电流互感器二次侧电流分流，电能表少记电量。

现场使用相位伏安表同时测量计量二次回路电流值和测量二次回路电流值，计算各项电流的分流比例以后得知 A 相电能表少计 1/2、B 相电能表少计 3/5、C 相电能表少计 3/5。

同时发现现场安装的计量用电流互感器与营销系统内登记的电流互感器不符，现场安装的电流互感器变比为 500/5，营销系统内登记的电流互感器变比为 300/5。

　　检查确认现场存在的问题点并查明问题原因以后,对现场情况进行拍照摄像取证,并记录现场各项检查过程和测量数据,填写用电检查结果通知书,对现场计量装置进行整体封存,并对各处施加的封印编号进行记录并拍照。

　　第二天上班以后,供电所线损管理人员通过营销系统查询该路灯变压器近两年的用电量较为平稳,没有发生突增突减的情况,从营销系统记录的每月用电量情况无法判断出现计量异常情况的大概时间,利用营销系统查询该路灯变压器现场在运行电能表的安装时间为××年11月21日。通过向省电力公司电采系统项目组提交调取数据的申请,由项目组从系统数据库调取该客户从现运行电能表安装第二日开始至今的电流、电压、功率、功率因数等曲线数据,通过分析比对调取的数据库数据发现该路灯变压器在××年4月10日0时~4月20日下午4时30分期间没有用电数据,但该段时间前后电能表示值为连续示值,判断该时间段变压器可能为停电状态。比对停电时间段前后的电流、功率、用电量等情况,发现停电时间段以后电流、功率、用电量情况明显较停电时间段之前有明显下降。考虑到路灯负荷正常情况下每个变压器实际供电的路灯数量和总负荷较为固定。由此初步判定发生计量异常情况的开始时间应为××年4月20日下午4时15分~30分。

　　供电所客户经理联系路灯管理单位相关责任人,双方共同前往发现问题的路灯变压器现场,告知现场存在的计量接线问题,让对方观看前一天晚上我们现场检查的全过程视频,以及我们记录的各项测量数据和计算结果。为了让路灯管理单位相关责任人进一步核实验证我们的检查结果,让对方电工手动连通路灯负荷以后,重新测量计量二次回路电流值和测量二次回路电流值,比对计算计量误差,计算结果与前一天的结果一致。询问××年4月10日之后一段时间该变压器是否停运并询问停运原因,对方电话联系值班人员查找值班记录以后告知,××年4月9日夜间变压器发生故障,至××年4月20日下午整体更换新箱式变压器之后恢复送电,期间并未通知供电所更换变压器相关事宜,电能表为当时更换箱式变压器的施工人员安装接线,如图6-9所示。

　　计量用电流互感器与测量仪表共用一组电流互感器,如图6-10所示。

图6-9　电能表为施工人员安装接线　　图6-10　电流互感器和测量仪表共用电流互感器

查处依据

此案例符合《供电营业规则》第一百零一条。

根据中华人民共和国电力工业部令第 14 号《供电营业规则》第一百零一条规定，危害供用电安全、扰乱正常供用电秩序的行为，属于违约用电行为。供电企业对查获的违约用电行为应及时予以制止。有下列违约用电行为者，应承担其相应的违约责任：

其中第四款、第五款规定"私自迁移、更动和擅自操作供电企业的用电计量装置、电力负荷管理装置、供电设施以及约定由供电企业调度的用户受电设备者，属于居民用户的，应承担每次 500 元的违约使用电费；属于其他用户的，应承担每次 5000 元的违约使用电费。"

此案例符合《供电营业规则》第一百零一条第四款和第五款、第一百零三条第五款规定，属于窃电行为同时存在违约用电行为。

事件处理

窃电量计算：依据现场测量计算各项电流的分流比例以后得知 A 相电能表少计 1/2、B 相电能表少计 3/5、C 相电能表少计 3/5。结合现场安装的电流互感器与系统登记的电流互感器差错情况计算计量差错更正系数 K（现场安装的电流互感器倍率为 100 倍，营销系统内登记的电流互感器倍率为 60）。

$$K = 3UI\cos\varphi \times 100/(1/2UI\cos\varphi + 2/5UI\cos\varphi + 2/5UI\cos\varphi) \times 60$$
$$= 3 \times 100/(1/2 + 2/5 + 2/5) \times 60 = 50/13 \approx 3.846$$

通过向省电力公司用电信息采集系统项目组提交调取数据的申请，由项目组从用电信息采集系统数据库调取该客户××年 4 月 20 日的电能表有功示数为 5373.83，××年 11 月现场检查时抄读的电能表示数为 6676.47。据此计算应追补电量为

$$(1676.47 - 373.83) \times 60 \times (3.846 - 1) = 222438(kW \cdot h)$$

查询营销系统确定这段时间内该客户执行的电价为 0.585 元/(kW·h)，计算应追补电费为

$$222438 \times 0.585 = 130126.23（元）$$

按《供电营业规则》第一百零四条规定

$$130126.23 \times 3 = 390378.69（元）$$

按《供电营业规则》第一百零一条第五款规定，该客户私自迁移、更换供电企业的用电计量装置，应承担每次 5000 元的违约使用电费。

应收取补交电费以及违约使用电费合计总金额为 130126.23＋390378.69＋5000＝525504.92（元）。

💡 **暴露问题**

（1）基层单位日常工作过于繁重，用电检查工作职能被弱化甚至被忽视，对辖区内用电客户的用电需求缺少主动关注，不了解用电客户的实际用电情况。

（2）用电客户计量巡视工作流于形式，现场巡视周期过长，无法及时发现现场计量设备的变化。

（3）高压专变客户计量箱"设备主人管理制度"不健全，没有明确管理巡视主体单位，造成小问题无人管，大问题牵连全体受罚的现象。

（4）基层单位具备专业用电检查知识技能的人员力量严重缺乏，用电检查的仪器设备配备不足，对现有检查设备的功能和用途缺乏学习了解。

（5）对发现问题的过程，过于依赖专业支撑部门，遇到中压线损波动情况，一味等待专业支撑部门的分析结果，缺少发现问题、解决问题的主观能动性。

🔧 **防范措施**

管理措施：

（1）加强现场计量装置巡视巡查管控力度。

（2）严格落实各类计量表计现场核抄的工作要求。

（3）明确各类计量装置的管理管辖责任与要求。

（4）加强反窃电的宣传与打击力度。

技术措施：

（1）加强电能表箱封印管理，使用不易被伪造、开启的新型防盗封印。

（2）加强用电检查专业的知识培训，提升基层一线人员的专业水平。

（3）增加现有技术手段针对异常问题的筛查频次，及时发现问题、处理问题。

（4）配备充足的现场取证固证设备，提升电量计算的准确度，为窃电处理提供更全面的支撑。

6 改装无踪数有影　警企联动现真形

⚙ **查处经过**

为贯彻落实《国网营销部关于印发××年台区线损和反窃电工作安排的通知》要求，深化公司××年供电服务行风问题整治"雷霆"行动执行落地，进一步发挥反窃电工作对电力供应保障、电价改革政策落实、公司经营风险防范、营商环境改善等方面的支撑作用，坚决防范和遏制重点用户、重点地区、重点行业窃电多发情况，严厉打击规模化、职业化窃电行为，按照《国家电网有限公司打击整治盗窃电力行为专项行动工作方案》的工作部署和要求，落实××年公司营销工作部署，加大反窃电工作力度，公司决定开展打击整治盗窃电力犯罪专项行动，更好地维护供用电秩序。严厉打击盗窃电力违法犯罪行为，坚持系统治理、依法治理、协同治理、源头治理，构建紧密协作、齐抓共管、配合有力的警企联动工作新局面。着力维护公平良好的供用电秩序，切实维护国有资产保值增值，查处一批窃电积案难案，严惩一批窃电犯罪分子，摧毁一批互联网制售窃电器材、协助他人窃电的团伙，斩断窃电犯罪传播渠道，源头遏制局部地区盗窃电力犯罪多发趋势，促进全社会用电秩序、用电环境明显好转。

（一）打击重点

打击重点包括：①高耗能企业集聚区；②城中村、城乡接合部，拆迁区域、棚户区、民族村落；③洗浴餐饮商业街；④网吧、娱乐等商业性用电场所；⑤电量、负荷与生产经营情况有较大差异的用电企业，以及其他具有季节性和行业性的窃电高疑似性用电用户；⑥窃电成风、群体窃电等疑难地区；⑦线损长期波动区域；⑧涉电金额较大的历史积案难案。

（二）工作思路

立足电价市场化改革新形势，突出查处"三个重点"，依托反窃电监控平台、用电信息采集等信息化系统，通过大数据精准分析研判，输出疑似窃电清单，结合历史反馈不属实或未处理窃电清单和上报国家电网公司的重大窃电线索，锁定省级直查重点对象，破解人身威胁"不敢查"、化解地方说情"不好查"、解决思想懈怠、里勾外连"不想查"的问题。

（三）工作措施

全面开展一次窃电隐患现场排查，根据属地高发窃电行业及典型窃电手段，明确针对性监测排查措施，组织开展全量摸排，对发现的窃电线索做到应查尽查、一查到底。加强跨专业巡查协作，发动用检、计量、采集、线损、配电等专业在日常巡视过程中搜集窃电线索，实现线索应录尽录。面向社会设立窃电举报电话、举报邮箱，畅通12398、95598、网上国网以及新闻媒体等渠道广泛收集外部窃电线索。

深化大数据分析，聚焦专项行动打击重点，发挥采集系统中电量、事件、状态量等多元数据，结合重点用户用能特征，针对性建立健全窃电数据诊断。针对水泥、化工、钢铁等高耗能企业，重点做好高压线损联动分析与历史用电量趋势比对；针对网吧、娱乐等商业性场所，重点开展尖峰时段用电量分析及开盖、开端钮盒盖等告警事件监测；针对窃电成风、群体窃电等疑难地区，要协同高损台区治理工作，重点监测用户中性线和相线电流差、电压变化等情况；针对季节性窃电高发行业，重点做好线损波动与用电量变化关联分析，结合实际生产情况研判电流电量数据合理性。加强电能表开盖、失压、失流等重要事件的采集上报，特别是要面向重点监测用户制订差异化采集策略，实现高压用户 15min 级电能示值及负荷曲线数据采集，低压用户（HPLC 和双模覆盖）努力实现小时级电压电流数据采集，重点监测用户拓展小时级中性线和相线电流数据采集。

根据本次专项行动部署排查阶段的具体安排。充分应用用电信息采集系统及反窃电监控平台，对重点客户加强采集数据监控，线上研判定位疑似窃电用户；发挥大数据技术和计量装置在线监测在反窃电工作中的促进作用，震慑窃电不法分子，系统梳理既往检查中发现的可疑信息、隐蔽线索，并逐一开展核查评估，为精确打击做好准备。

通过系统的条件筛查研判，结果显示某客户存在较大窃电嫌疑。随即通知相关客户经理针对该客户开展信息收集归拢，分析用电和缴费信息，利用用电信息采集系统查询召测电能表电压、电流、功率、电量、示值等用电信息，人工查询各种数据，并未发现明显差错漏洞，需要开展现场检查。针对该客户开展现场用电检查前，联合用电检查人员、供电所客户经理、计量中心外勤班，制订具体详细的现场检查方案、安全防范措施和应急处置措施。

开展现场用电检查工作之前，首先，利用营销系统再次核实确认用电客户基础信息，确认客户电能表信息、互感器信息、近几个月的用电量情况、缴费情况、用电性质、上一次计量装置更换或检查后现场施封登记记录等信息；便于现场检查的时候核对；然后，对现场工作人员的现场职责以及具体工作分工进行明确说明，现场安全措施布置、现场数据测量记录、现场检查结果取证固证、现场与用电客户工作人员的沟通解释等，具体工作明确到每个现场用电检查工作的参与人员。整理检查现场使用的仪器设备和工器具，保证变比测试仪、相位表、电能表现场校验仪、行为记录仪等仪器设备电量充足使用可靠，操作杆、安全带等安全工器具试验合格、功能齐全，安全帽、工具等数量充足配备齐全，检查所必需的各种手续办理完整齐备。

到达现场开始实施现场检查之前，通过用电信息采集系统"采集业务"模块远程召测电能表实时电压、电流、功率等数据，确保开展用电检查的时机合适，为避免客户阻挠检查或不配合检查，到达现场后迅速布置现场安全措施开始外观检查和低压线路负荷情况的初步测量计算工作。

1）观察现场电能表箱外观无破损，箱门封印完好，未发现明显故障或外力损毁的痕迹。

2）互感器箱严重老化破损，箱门有封印，但是箱门无法起到封闭箱体的作用，并且无法明确判断损毁时间和损毁原因。

3）检查核对计量装置箱门封印与装表工单登记的封印是否相符。

4）通过测量变压器低压出线电流，大致判定现场实际在运负荷功率，同时用电信息采集系统远程召测电能表记录的二次电流、电压、功率、相位角的数据，粗略计算对应的一次负荷，大致判断电能表记录二次电流、二次功率数据与现场实测的一次数据存在较大出入。

5）使用现场行为记录仪对现场检查过程进行全程视频记录，对测量的低压一次电流值拍照取证。

经过检查初步判断现场确实存在计量异常的问题，需要对电能表、互感器、计量二次回路进行校验检查，甚至是停电作进一步检验检查的，需要通知用电客户相关负责人到场配合，然后再打开计量箱开展进一步检查工作。

通过供电所联系客户联系人，通知客户到达现场后，首先向客户亮明我方人员身份，再确认客户实际身份，向其表明我方的来意和目的，然后告知客户我们发现的现场疑点和初步检查数据，要求客户在场一起配合实施进一步检查，并对电能表实际运行环境、运行状况和运行数据进行测量记录。

打开电能表箱后检查确认电能表接线正确未见明显异常，使用相位伏安表测量相位角确认电能表表尾电压电流接线无误，使用电能表现场校验仪检查电能表确认电能表运行正常，电能表计量误差值在规定允许误差范围内，使用电流互感器变比现场测试仪核对变比与该客户档案变比不符，营销系统档案记录该客户计量装置配备的低压电流互感器为300/5，用现场测试仪实际测量一、二次电流，计算三只电流互感器的实际计算倍率分别为172、168、165倍，判断现场实际运行互感器或电流二次回路存在短接情况（见图6-11、图6-12）。此时基本可以判定该客户存在重大窃电嫌疑，需要停电对现场安装的互感器以及二次回路进行检测检查。

图6-11　现场测量图（一）　　图6-12　现场测量图（二）

经过进一步检查测量确认计量二次回路正常，拆下电流互感器，使用电流互感器现场校验仪器检查互感器，结果显示实测倍率与互感器标定倍率不符，通过外观检查并未发现互感器存在炸裂、二次绕组被短接等影响互感器精准度的情况。在此情况下客户也拒不承认自己有窃电的行为。现场检查人员经过简单沟通交流，一致判断现场安装的电流互感器应该存在重大问题，有必要现场破拆电流互感器进行彻底细致的检查。随后现场检查人员拨打110报警电话，由警察作为第三方见证检查过程。在等待警察的过程中，供电所客户服务人员不断地跟客户方人员讲解涉电的法律法规，告知安全用电的重要性，努力打消客户的侥幸心态。待警察到达现场以后，供电方检查人员对拆下的电流互感器重新进行更为细致的检查，最终在电流互感器存在破拆现象，面对事实，客户负责人同意对少交的电费进行补交，对于窃电行为不予承认，并依旧坚持不是其所为。供电所服务人员填写《用电检查结果通知单》之后由客服负责人签字之后，经汇报单位负责人并经批准之后，现场对该客户采取中止供电，并将该起窃电事件移交现场警察，由公安机关依照相关法律法规进行后续处理。

查处依据

《中华人民共和国电力法》第五十九条电力企业或者用户违反供用电合同，给对方造成损失的，应当依法承担赔偿责任。

第七十一条 盗窃电能的，由电力管理部门责令停止违法行为，追缴电费并处应交电费五倍以下的罚款；构成犯罪的，依照刑法的规定追究刑事责任。

此案例符合《供电营业规则》第一百零三条第五款，属于窃电行为，窃电量按照第一百零五条计算。

事件处理

窃电量计算：依据现场测量的低压线路一次电流与电能表表尾处的二次电流，计算三相电流互感器实际计量倍率分别为172、168、165倍。营销系统内登记的电流互感器倍率为60倍，由此计算窃电期间计量差错更正系数 K

$$K=3UI\cos\varphi/\left[(60/152)UI\cos\varphi+(60/163)UI\cos\varphi+(60/168)UI\cos+\varphi\right]$$
$$=3/(60/172+60/168+60/165)\approx2.8047$$

由于实际窃电开始时间无法查明，按照《供电营业规则》第一百零五条规定，通过向省电力公司用电信息采集系统项目组提交调取数据的申请，由项目组从用电信息采集系统数据库调取该客户最近半年的日冻结数据（见表6-6），结合现场检查时抄读的电能表示数，以及通过查询营销业务系统获取近半年来的月用电量和各月电费到户均价，按各月实际电价分别计算不同月份应追补电量电费。

表 6-6   3～9 月抄见电量及均价表

时间	各月抄见电量	到户均价
3 月	10354	0.7465
4 月	13298	0.7171
5 月	14417	0.7141
6 月	15773	0.7157
7 月	13622	0.7223
8 月	13347	0.7117
9 月	9980	0.7117

注　表中 3 月电量＝（查处日期向前推 180 天电能表日冻结示数－当月底最后一天 24 点电能表示值）×60；
　　9 月电量＝（查处当时电能表示数－月初零点电能表示数）×60；其余各月均为营销业务系统当月抄
　　见电量。

3 月应追补电费为 $10354 \times (2.8047 - 1) \times 0.7465 = 13949$（元）。

4 月应追补电费为 $13298 \times (2.8047 - 1) \times 0.7171 = 17209.61$（元）。

5 月应追补电费为 $14417 \times (2.8047 - 1) \times 0.7141 = 18579.71$（元）。

6 月应追补电费为 $15773 \times (2.8047 - 1) \times 0.7157 = 20372.78$（元）。

7 月应追补电费为 $13622 \times (2.8047 - 1) \times 0.7223 = 17756.75$（元）。

8 月应追补电费为 $13347 \times (2.8047 - 1) \times 0.7117 = 17142.95$（元）。

9 月应追补电费为 $9980 \times (2.8047 - 1) \times 0.7117 = 12818.36$（元）。

合计共需追补电费为

$13949 + 17209.61 + 18579.71 + 20372.78 + 17756.75 + 17142.95 + 12818.36 = 117829.17$（元）

根据《供电营业规则》第一百零四条的规定需对该客户追补 3 倍违约使用电费。

违约使用电费为 $117829.17 \times 3 = 353487.50$（元），应收取补交电费以及违约使用电费合计总金额为 $117829.17 + 353487.50 = 471316.67$（元）。

暴露问题

（1）高压专用变压器客户计量箱"设备主人管理制度"不健全，没有明确管理巡视主体单位，造成小问题无人管、大问题牵连全体受罚的现象。

（2）用电客户计量巡视工作流于形式，现场巡视周期过长，无法及时发现现场计量设备的变化。

（3）基层单位日常工作过于繁重，用电检查工作职能被弱化甚至被忽视，对辖区内用电客户的用电需求缺少主动关注，不了解用电客户的实际用电情况。

（4）基层单位具备专业用电检查知识技能的人员力量严重缺乏，用电检查的仪器设备配备不足，对现有检查设备的功能和用途缺乏学习了解。

（5）对发现问题的过程，过于依赖专业支撑部门，遇到中压线损波动情况，一味等待专业支撑部门的分析结果，缺少发现问题、解决问题的主观能动性。

防范措施

管理措施：

（1）加强现场计量装置巡视巡查管控力度。

（2）严格落实各类计量表计现场核抄的工作要求。

（3）明确各类计量装置的管理管辖责任与要求。

（4）加强反窃电的宣传与打击力度。

技术措施：

（1）加强电能表箱封印管理，使用不易被伪造、开启的新型防盗封印。

（2）加强用电检查专业的知识培训，提升基层一线人员的专业水平。

（3）增加现有技术手段针对异常问题的筛查频次，及时发现问题、处理问题。

（4）配备充足的现场取证固证设备，提升电量计算的准确度，为窃电处理提供更全面的支撑。

章节总结

各类型计量互感器和连接互感器的二次导线是电能计量装置的重要组成部分，互感器的准确性直接影响电能的准确计量，私自更换、短接、破坏互感器以及短接电流二次回路是窃电较为常见的手法手段，针对此类短接分流类的窃电行为，通过采集数据分析不容易发现判别，我们可利用现场变比测试设备，方便快捷地发现问题判断问题，但是窃电现场的保护极为重要，此类窃电手法的窃电效果差别较大，并且窃电现场接线状态一旦被触动改变将无法恢复原状态，这就要求我们必须在现场保存好第一手测量数据，必须在查窃电现场测量计算差错系数，窃电量计算的依据必须扎实可靠。

通过窃电案件查处发现，尽管近些年我们不断加大对违约窃电的检查打击处理的力度，但仍存在极个别人心存侥幸心理，跨法律法规的红线，行违法违规之作为。我们不仅要坚持重拳打击违约窃电行为，同时还需要加强电力法律法规的宣传普及工作，使更多人认识到电力是商品，公平买卖受法律保护，违法取电必受法律追究。努力营造安全用电、合规用电、节约用电的好局面。

建议公司可制订切实可行的举报奖励制度，鼓励人民群众举报发现的可疑用电行为，发动全社会协助我们打击不法窃电行为。

第七章

新能源引起线损异常

1 快慢见真章

查处经过

××供电所按公司供电所劳动竞赛得分排名情况进行指标分析总结时发现，辖区内一台区线损常年始终略高于台区线损考核指标。电力营销业务应用系统（简称营销系统）显示该台区低压用电客户 53 户，光伏发电客户 11 户，该台区因为存在农业排灌用电负荷，低压线路前不久刚改造完工，低压线路状况良好。通过查询用电信息采集系统电能表自动采集成功率始终为 100%，也不存在因相邻台区或低压线路设备故障临时挂接相邻台区计量点的情况。

询问台区客户经理得知，该台区线损略微偏高已经持续多年了，之前也针对这一情况进行过分析排查，之前怀疑是低压线路老化、状况不佳造成的线路损耗，但是改造完工以后线损依然偏高。台区经理多次梳理排查台区内用电客户未发现可疑情况，对台区内 53 户低压客户以及台区关口电能表进行现场校验，54 只电能表均正常。针对每个用电能表箱分别安装小型专业线损分析仪器，分别监控计算每个用电能表箱的线损，发现所有用电能表箱线损都低于台区线损考核标准。

排除台区关口表和低压用电能表计的原因之后，开始把检查方向往光伏发电客户转移。首先，从营销系统查询导出所有光伏发电客户的发电容量、并网信息、计量装置信息、发电量、上网电量等信息，为开展下一步的线损分析排查做好准备；然后，利用用电信息采集系统"采集业务"模块召测电能表实时的电压、电流、相位、功率等数据进行逐一分析，查找可疑客户。当利用用电信息采集系统"采集业务"模块对电能表"事件"信息进行召测提取时发现，两只电能表存在"电能表开盖记录"。进一步查询得知这两只电能表为同一余电上网光伏发电客户，一只表记录光伏发电量，一只表记录光伏上网电量。电能表开盖时间分别为××年 7 月 10 日 5 时 52 分和 6 时 03 分，开盖时长不到 10min。开盖时间在电能表安装时间之后。发电能表开盖时电能表示值为 2633.28，上网表开盖时电能表示值为 2586.73，随后组织现场检查人员前往该台区对这两只表进行检查，台区经理办理完现场检查所必需的审批手续，检查人员携带电能表现场校验仪、掌机、现场视频记录仪、用电检查单、用电检查结果通知单以及检查所需的个人工器具。

到达现场打开电能表箱开展针对性的检查，首先检查接线，确认接线正确。使用钳形电能表测量两只电能表进出线的相线和中性线电流值，进出线电流平衡，两只电能表的相线和中性线电流相同，电流值为 29.4A。查看电能表屏幕显示电流发现，上网电能表显示电流 52.97A，发电电能表显示电流值为 53.3A。现场利用用电信息采集系统远程召测电能表实时的电流值与现场查看电能表显示的电流值一致。利用用电信息采集系统"统计查询"模块的"基础数据查询功能"对比该光伏发电客户近三个月的光伏发电电量、光伏上网电量以及与光伏发电存在关联关系的用电客户电能表的反向有功电量信息，发现光伏发电量略大于与光伏上网电量（从逻辑关系上考虑属正常现象），但是光伏上网电量却明显大于与之存在关联关系的用电客户电能表的反向有功电量（正常情况下这两个电量数据应该基本相等）。现场使用电能表现场校验仪对两只表进行现场校验，校验结果显示光伏发电电能表计量误差为 81%（即电能表快 81%），光伏上网电能表计量误差为 80%（即电能表快 80%）。

电能表存在开盖记录并且电能表误差率超过允许标准，由此判断电能表内部

图 7-1 电能表内部检流采样原件
明显被人为改动

应存在人为改动的情况，带客户来到检查现场以后，现场检查人员当面打开电能表确认造成误差值超差的原因。经检查确认两只电能表都存在电能表内部检流采样原件明显被人为改动的情况（见图 7-1）。

现场工作人员通过"豫电助手"手机端综合查询功能再次核对发电客户档案信息时，敏锐地发现另外一个之前被忽视的细节信息。客户档案信息显示，客户发电功率为 5kW，220V 单相并网。刚刚检查时实际测量的上网电流为 29.4A。多年的工作经验判断 5kW 单相并网的光伏发电板，正常情况下不应产生这么大的电流（一般经验判断在当地日照充足的情况下，1kW 光伏板发电电流在 2～3A）。根据电流值判断，客户的实际发电光伏板的总功率超过 5kW。根据现场实际安装的光伏板数量计算，实际的发电功率应为 10kW。

依据现有法规的规定"故意损坏供电企业用电计量装置、故意使供电企业用电计量装置不准或失效"以此达到多算上网电量、多得上网电费和多套取国家发电补贴的目的，也属于窃电行为；电源私自并网属违约用电行为。在事实面前，客户还试图狡辩。经过现场工作人员的耐心解释沟通，客户最终认识到自己错误，在

用电检查结果通知单上签字，表示认可我们的检查结果并同意接受供电公司的处理。

查处依据

根据中华人民共和国国务院第 196 号令《电力供应与使用条例》

第三十条　用户不得有下列危害供用电安全，扰乱正常供、用电秩序的行为：

（六）未经供电企业许可，擅自引入、供出电源或将自备电源擅自并网。

第八章　法律责任部分

第四十条　违反本条例第三十条规定，违章用电的供电企业可以根据违章事实和造成的后果追缴电费，并按照国务院电力管理部门的规定加收电费和国家规定的其他费用；情节严重的，可以按照国家规定的程序停止供电。

《供电营业规则》第一百零一条规定，危害供用电安全、扰乱正常供用电秩序的行为，属于违约用电行为。供电企业对查获的违约用电行为应及时予以制止。有下列违约用电行为者，应承担其相应的违约责任：

（六）未经供电企业同意，擅自引入（供出）电源或将备用电源和其他电源私自并网的，除当即拆除接线外，应承担引入（供出）或并网电源容量每千瓦（千伏安）500 元的违约使用电费。

此案例符合《供电营业规则》第一百零三条规定，属于窃电行为，窃电量按照条一百零五条计算。

事件处理

电量计算：现场检查时抄读电能表示值，发电能表示值为 87553.52，上网电能表示值为 83492.07。

实际发电量为（87553.52－2633.28）÷1.81＝46917.26（kW·h），多计发电量为（87553.52－2633.28）－46917.26＝38002（kW·h），实际上网电量为（83492.07－2586.73）÷1.8＝44947.41（kW·h），多计上网电量为（83492.07－2586.73）－44947.41＝35957（kW·h）电费计算。

该发电客户为 2014 年初次办理光伏发电客户报装手续并于 2014 年并网，按国家政策，该客户享受 2014 国家光伏发电电费补贴政策，即发电量为财政补贴 0.42 元/（kW·h），上网电量单价按当月河南燃煤发电标杆上网电价执行，即上网电量按 0.3779 元/（kW·h）结算。

多结算上网电费为 35957×0.3779＝13588.15（元）。

多结算发电财政补贴为 38002×0.42＝15960.84（元）。

共计多算电费为 13588.15＋15960.84＝29548.99（元）。

承担三倍违约使用电费为 29548.99×3＝88646.97（元）。

承担增加并网容量每千瓦为 500 元的违约使用电费 500×5＝2500（元）。

合计金额为 29548.99＋88646.97＋2500＝120695.96（元）。

暴露问题

（1）台区线损率虽然略高，但没有引起足够的重视，没有全面仔细地排查原因。

（2）对影响台区线损率的因素考虑不全面，忽视了对新能源发电客户的用电检查。

（3）基层一线员工对此种新形势的动表手法缺乏了解和认知。

（4）思想意识有待转变，新技术、新方法的学习领悟使用能力有待进一步提高。

防范措施

计量箱加装铅封应装、尽装，做好登记，客观上杜绝用户私自更改计量装置的可能性，日线损监督体制不能流于形式，应做到波动必查。建立模块化、专业化的线损治理柔性团队。加强日常计量箱巡视，采用更为行之有效的预防措施。加强与公安机关的合作，同时强化反窃电方面的宣传，增加打击窃电的打击处罚力度。

2 钻漏洞 钻进"死胡同"

查处经过

供电公司针对省电力公司督办存量高损台区开展集中治理行动，×供电所辖区内一台区线损长期高于台区线损考核指标。该台区公用配电变压器容量400kVA，台区内低压用电客户 98 户，光伏发电客户 22 户，光伏发电总容量450kW。用电负荷总功率小于光伏发电总功率，同时台区低压月用电量也少于光伏发电上网电量，属于典型的反向过载台区。

该台区位于城乡接合部，处于部分拆迁状态，现有低压用电客户也全部在拆迁红线范围内面临拆迁，公司层面已经大量压缩了对该台区的改造资金投入，400V 低压线路现状较差，存在部分临时架设的低压线路。

询问台区客户经理得知，该台区线损偏高已经持续很长时间，台区经理多次梳理排查台区内用电客户未发现可疑情况，排查台区考核关口计量表计未发现异常情况，之前也针对这一情况进行过分析排查，怀疑是低压线路老化、状况不佳造成的线路高损耗，供电中心和供电所按上级的督办要求和高损台区治理时间节点要求，组织人员重新开展对该高损台区的分析治理工作。首先针对混乱的现场基础信息资料，从摸排核对基础信息开始，从低压线路到实际用电户数，从考核总表计量信息到每个表箱每只电能表的所有计量信息，从每一个客户的用电负荷信息到每一户的电量电费信息，开展详细彻底的摸排，比对原有档案信息与现场实际情况是否一致。

检查所有电能表接线情况，核对互感器变比信息，每个电能表箱每只电能表逐一检查核对，检查每只电能表的接线是否正确，核对每只电能表的电流、电压、功率等用电数据，利用电能表现场校验仪器校验电能表误差是否合格，利用智能掌机现场读取每只电能表的开盖记录，查找有没有动表窃电的情况，经过数轮次的摸排检查，未发现计量异常情况和异常用电情况。鉴于上述检查结果，线损治理人员决定改变思路，针对每个低压分支线路分别安装小型专业线损分析仪器，分别监控计算每个低压分支线路的线损，以此找出重点检查区域，缩小重点关注范围。经过几轮筛查之后把检查重点放到了某光伏发电客户的下户线以后。

经营销系统查询客户档案信息得知，该光伏发电客户为余电上网客户，报装光伏发电容量为 65kW、380V 低压并网，发电计量点和上网计量点分别安装三相四线直入式电能表，但是营销系统显示与发电客户相关联的用电客户为 220V 居民生活用户，用电计量点配置单相电能表一只。经过前期摸排可确定这三只电能表现场接线正确，各自计量准确，再次开展现场检查测量三只电能表现场的电压、电流数据也未发现异常现象。现场未发现窃电现象，但低压分支线的线损率依然居高不下，证明问题依然存在。

利用用电信息采集系统"统计查询"模块的"基础数据查询功能"查询与该光伏客户相关的三只电能表电量数据，未发现用电异常数据，通过用电信息采集系统"采集业务"模块远程召测电能表实时正向有功、反向有功示值，发现光伏发电计量点三相电能表反向有功示值很大，这一个疑点马上引起了降损检查人员的注意。正常情况下光伏发电计量点电能表反向有功数值都是比较小或为零，电能表反向有功产生大电量，意味着发电计量点到光伏发电太阳能板之间存在用电负荷或漏电情况。

随后电量采集运维人员通过用电信息采集系统设置，将该光伏客户相关的三只电能表设置"重点标识"，利用用电信息采集系统采集每只电能表每天 96 个时间点的正向有功、反向有功示值、分时段电量、电流、电压等用电数据，通过用电数据的分析比对，发现每天凌晨三四点到上午八九点之间，光伏发电计量点三相电能表反向有功示数都会走字，并且有些数据显示三相同时都存在反向电流，再查看光伏上网计量点三相电能表的各项数据，发现在相同时间段各项用电数据与光伏发电计量点三相电能表基本相同，再查看与这两只三相电能表串联，存在系统关联关系的单相电能表，发现在相同时间段内，单相电能表记录的电流数据与两只三相电能表的其中一相基本相同。结合该光伏发电客户的报装发电功率，对比瞬时功率、电流、发电量等数据可排除线路漏电的情况，由此判定，该光伏发电客户存在较大的窃电嫌疑。

根据之前确定的窃电时间段，降损检查人员决定在凌晨 6 时多开展定向突击用电检查，在开展用电现场检查工作之前首先按照制度规程要求，办理开展用电现场检查工作的相关审批手续，制订相应的安全保障措施方案。整理检查现场使用的仪器设备和工器具，保证变比测试仪、相位表、电能表校验仪、行为记录仪等仪器设备电量充足使用可靠，操作杆、安全带等安全工器具试验合格功能齐全，安全帽、工具、照明灯具等数量充足、配备齐全。

到达检查现场开展现场检查以前，首先确认现场低压线路接线情况，布置必要的安全措施，然后开展检查工作。

1）使用变比测试仪首先测量记录低压下户线三相电流大小情况（如有可能同时记录光伏发电计量点电能表发电侧的三相电流大小情况）。

2）通过用电信息采集系统"采集业务"模块远程召测三只电能表实时电流、电压、功率、正反向有功示值等数据并记录。

3）检查电能表箱，确认三个电能表箱完好，箱门锁封完好。

4）打开电能表箱，确认表箱内电能表接线正确无误。

5）查看电能表屏显数据，使用电流钳形电流表测量核对用电信息采系统远程召测的数据与现场实际测量、电能表屏显数据均一致无误，并摄像拍照记录作为证据保留。

6）通过供电所台区经理联系客户到场，通知客户到达现场后首先向客户亮明我方人员身份，再确认客户实际身份，向其表明我方的来意和目的，然后告知客户我们发现的现场疑点和初步检查数据，要求客户配合继续检查。

7）从光伏发电计量点电能表开始沿着低压线路向光伏发电太阳能板方向开展摸排，当排查到发电侧低压配电柜时，发现在配电柜内除光伏板到配电柜的接线之外，还有一条电缆通向远处门面房。

8）使用钳形测量多出的这条电缆各项电流值，比对确定与下户线处测量的三相电流值大小基本一致，关掉发电计量点电能表箱内线路低压断路器以后，下户线处和这条电缆上的电流同时消失。

9）沿着这条电缆继续排查，发现电缆另一头进入一间门面房内，并且未发现安装供电公司的电能表。

由此确定该门面房存在窃电情况，经与现场客户沟通了解得知，门面房为自己家人开的早餐店，自己无意当中发现，自家的光伏发电线路上有两根线用电没人找他收电费，随后便萌生了使用"免费电"的想法。现场工作人员耐心讲解，告知客户他的行为属于窃电行为，同时还存在违约用电行为，这些行为都是违法行为。最终，客户认识到自己的错误并同意接受供电公司的处理，用电检查结果通知单上客户签字认可后，按照规定对该客户当场中止供电。

查处依据

此案例符合《供电营业规则》第一百零三条第二款规定，属于窃电行为同时存在违约用电行为。

事件处理

窃电量计算：现场检查时抄录的电能表有功示数见表 7-1。

表 7-1　　　　　　　　　　　表计示数表　　　　　　　　　（kW·h）

电能表示数	正向有功总	反向有功总
关联客户单相电能表示数	7454.77	13054.12
光伏上网电能表有功示数	40062.37	18627.33
光伏发电电能表有功示数	564497.80	18625.96

通过用电信息采集系统查询并提请用电信息采集系统项目组查询数据库数据，确认该光伏发电客户的光伏上网电能表反向有功示数于 8 个月前的某天开始突然走字，反向有功电量出现突增现象，查询确认光伏上网表反向电量出现突增当天，光伏关联客户电能表日冻结正向有功示值为 457.86。

查询营销系统确认，该光伏发电客户自报装发电以后为更换过电能表，与之关联的用电客户最近一次更换电能表发生在 11 个月之前。

通过用电信息采集系统数据库调取近 9 个月，该光伏发电客户上网计量点电能表的反向有功月冻结数据，并计算电量见表 7-2。

表 7-2　　　　　　　　　4~12 月表计止码　　　　　　　　（kW·h）

数据冻结时间	冻结电能表反向示值	电量
4 月 1 日 0 点	0	
5 月 1 日 0 点	924.44	924.44
6 月 1 日 0 点	3024.90	2100.46
7 月 1 日 0 点	5782.62	2757.72
8 月 1 日 0 点	8936.05	3153.43
9 月 1 日 0 点	11905.76	2969.71
10 月 1 日 0 点	14319.41	2413.65
11 月 1 日 0 点	16502.57	2183.16
12 月 1 日 0 点	18003.38	1500.81
查处当天现场抄读	18627.33	623.95

查询营销系统确定窃电期间各月商业电价（＜1kV）执行电价见表 7-3。

表 7-3   4～12 月执行电价   ［元/（kW·h）］

月份	电度电价单价
4 月	0.705449
5 月	0.695499
6 月	0.701419
7 月	0.716999
8 月	0.719249
9 月	0.699669
10 月	0.696409
11 月	0.709119
12 月	0.715319

通过现场实地检查确认，存在窃电情况的这条电缆所接负荷全部为大功率三相负荷，按三相平衡负荷考虑计算所窃电量并计算需追补电费。

四月需追补电费为 $924.44 \times (2/3) \times 0.705449 = 434.76$（元），五月需追补电费 $2100.46 \times (2/3) \times 0.695499 = 973.91$（元），六月需追补电费 $2757.72 \times (2/3) \times 0.701419 = 1289.54$(元)，七月需追补电费 $3153.43 \times (2/3) \times 0.716999 = 1507.34$（元），八月需追补电费 $2969.71 \times (2/3) \times 0.719249 = 1423.97$（元），九月需追补电费 $2413.65 \times (2/3) \times 0.699669 = 1125.84$（元），十月需追补电费 $2183.16 \times (2/3) \times 0.696409 = 1013.58$（元），十一月需追补电费 $1500.81 \times (2/3) \times 0.709119 = 709.50$（元），十二月需追补电费 $623.95 \times (2/3) \times 0.715319 = 297.55$（元），合计共需追补电费

$434.76 + 973.91 + 1289.54 + 1507.34 + 1423.97 + 1125.84 + 1013.58 + 709.50 + 297.55 = 8775.99$（元）

处理结果：根据《供电营业规则》第一百零四条的规定需对该客户追补三倍违约使用电费。

违约使用电费为 $8775.99 \times 3 = 26327.97$（元）。

应收取补交电费以及违约使用电费合计总金额为 $8775.99 + 26327.97 = 35103.96$（元）。

💡 暴露问题

（1）基层单位日常工作过于繁重，用电检查工作职能被弱化甚至被忽视，对辖区内用电客户的用电需求缺少主动关注，不了解电客户的实际用电情况。

（2）用电客户计量巡视工作流于形式，现场巡视周期过长，无法及时发现现

场计量设备的变化。

（3）高压专用变压器客户计量箱"设备主人管理制度"不健全，没有明确管理巡视主体单位，造成小问题无人管，大问题牵连全体受罚的现象。

（4）基层单位具备专业用电检查知识技能的人员力量严重缺乏，用电检查的仪器设备配备不足，对现有检查设备的功能和用途缺乏学习了解。

（5）对发现问题的过程，过于依赖专业支撑部门，遇到中压线损波动情况，一味等待专业支撑部门的分析结果，缺少发现问题、解决问题的主观能动性。

防范措施

管理措施：

（1）加强现场计量装置巡视巡查管控力度。

（2）严格落实各类计量表计现场核抄的工作要求。

（3）明确各类计量装置的管理管辖责任与要求。

（4）加强反窃电的宣传与打击力度。

技术措施：

（1）加强电能表箱封印管理，使用不易被伪造、开启的新型防盗封印。

（2）加强用电检查专业的知识培训，提升基层一线人员的专业水平。

（3）增加现有技术手段针对异常问题的筛查频次，及时发现问题、处理问题。

（4）配备充足的现场取证固证设备，提升电量计算的准确度，为窃电处理提供更全面的支撑。

章节总结

随着更多国家政策的出台以及发电设备的资金投入门槛减低，小而多的分布式电源并网客户急剧增加，对电网经营企业也是一项新的挑战。针对套取国家补贴的涉电问题，需要从国家或政府主管的层面制订相应的制度规则或完善已有的制度规则，让基层的执行人员有规可循、有律可依。对于新事物的产生，我们都需要一个接受适应的过程，之前接触的多为直接用电客户，一切规章制度多是为了服务用电客户。

随着分布式光伏发电客户的增加，作为电力营销一线职工，更加需要多学、多思、多虑，从而提升自己服务客户的水平。针对涉及发电客户的窃电事件发生，我们应与查处用电客户一样，第一时间取得现场真实有效的测量数据，并合法依规的保存利用，为事件得以顺利解决提供了坚实的数据支撑，合法合规检查处理。通过加大普法宣传力度，使更多人认识到电力是商品，公平买卖受法律保护，违法取得必受法律追究。使得心存窃电侥幸心理的人主动悔改，使得正在窃电的人不敢再进行窃电，努力营造安全用电、合规用电、节约用电的好局面。

外部接线引起线损异常

1 偷天换日有巧手　仔细巡查显真形

⚙ 查处经过

　　国网××供电公司 1182 台区，处于××市城乡接合部，因其地域特点，管理单位多次更换，人员鱼龙混杂，线损率常年居高不下，属于省、市公司重点关注台区，供电公司多次组织人员进行现场检查，受制于客观条件，收效甚微。××年 7 月 7 日，时任其台区经理郁××，在对其例行夜查时发现该台区第 23 号计量箱有明显松动现象且计量箱未加载供电公司封印，打开计量箱后发现箱体左后侧被打孔穿线，接在表前低压断路器处，如图 8-1 所示。顺箱体后侧所穿过的电线寻找，如图 8-2 所示。因该台区属于城中村，线路多年未改造，用户下线与通信等单位线缆混在一起，仅凭肉眼无法判断线路径去向哪里，回到该计量箱使用钳形电能表测量计量箱内用户表计进出线电流，基本相符，随后电话询问采集班值班人员，该用户近期用电量稳定，与往期相比基本一致，判断并非计量箱内窃电。

图 8-1　疑似更改处

图 8-2　现场检查图

　　考虑到后期窃电取证情况，当时并未将接线断开，但受制于夜间视线问题，无奈只能暂时撤离，回到单位后，郁××辗转反侧，彻夜未眠，心里想着早一天找到线路尽头客户，早一天挽回供电公司的损失，突然，想到公司为了重点监控该台区，特别为其加装了分段监控设备，如果可以利用分段监控的方法，找到其高损部分，也会大大缩小查找线路走径的范围，有可能精准判断窃电用户所处位置。事不宜迟，说做就做，郁××连夜分段统计该台区线损率情况，确定Ⅲ号区域近期线损率突增，结合Ⅲ号区域所处位置用户近期用电量变动情况，圈定三个高度疑似用户，次日清晨，按照圈定用户，果然在一捆下户线中找到了高度类似昨日计量箱中的导线，如图 8-3 所示。

但当测量导线电流时，计量箱内导线与疑似导线电流值均很小，判断该窃电户可能为晚间用电，在尽量不打草惊蛇的情况下，检查团队又暂时撤离。

当日晚间，检查团队原路返回，精准定位至该客户处。在事实面前，客户承认其私自打孔穿线，绕越计量窃电的事实，随后，现场固定事实，用户签认了违约窃电通知单后，将私拉导线解除，如图 8-4 所示。

图 8-3　在一捆下户线中找到高度类似计量箱中导线

图 8-4　第二次现场检查图

后期，该客户至供电所接受违约窃电处理时询问得知，该客户为小型家庭作坊式企业，受困于经营成本不断提高，无奈出此下策，抱有侥幸心理，心想在他人计量箱打孔且所处地域现场相对复杂，供电单位不易查找，想通过降低用电成本来实现降低经营成本，可惜终未能逃脱供电公司查处。

查处依据

此案例按照《供电营业规则》第一百零五条第二款计算确定。

📖 事件处理

根据《国家发展改革委关于进一步深化燃煤发电上网电价市场化改革的通知》《国家发展改革委关于进一步做好电网企业代购电工作的通知》《国家发展改革委关于第三监管周期省级电网输配电价及有关事项的通知》《省发展改革委关于转发〈国家发展改革委关于进一步深化燃煤发电上网电价市场化改革的通知〉的通知》《省发展改革委关于转发〈国家发展改革委办公厅关于组织开展电网企业代购电工作有关事项的通知〉的通知》《河南省发展和改革委员会关于第三监管周期河南电网输配电价调整有关事项的通知》，此户追补电量对应时间及对应电价见表 8-1。

表 8-1 追补表

追补时间	追补天数	实时电价	追补电量	追补电费
××.01.10～××.01.31	22	0.7377	290.4	214.23
××.02.01～××.02.28	28	0.7437	369.6	274.87
××.03.01～××.03.31	31	0.7478	409.2	306.00
××.04.01～××.04.30	30	0.7467	396	295.69
××.05.01～××.05.31	31	0.7171	409.2	293.44
××.06.01～××.06.30	30	0.7141	396	282.78
××.07.01～××.07.08	8	0.7157	105.6	75.58
合计	180		2376	1742.59

追补电量为 $5 \times 0.22 \times 12 \times 180 = 2376$（kW·h）。

追补电费为 $214.23 + 274.87 + 306 + 295.69 + 293.44 + 282.78 + 75.58 = 1742.59$（元）。

三倍违约使用电费为 $1742.59 \times 3 = 5227.77$（元）。

合计追缴为 $1742.59 + 5227.77 = 6970.36$（元）。

💡 暴露问题

（1）老旧城区低压线路状况差，客观上给用户窃电造成可乘之机，同时，给现场检查带来巨大难度。

（2）日常巡视力度不够，未能及时发现用户私拉乱接线路。

🛠 防范措施

（1）加大台区改造力度，改造方案应更适应现场情况。

（2）加大日常巡视力度，及时发现现场异动。

2 零火并线绕越表 数据支撑显事实

🔄 查处经过

××年1月9日，国网××供电公司东区供电中心××供电所郁××，在对其辖区进行线损统计分析时发现靳作9号台区线损率异常，1月1～7日，周线损率高达17.85%，损失电量1709kW·h，如图8-5所示。通过电力营销业务应用系统（简称营销系统）查询，该台区近期未存在客户新增、计量点变更、电能表更换、客户销户等工单，台区用电计量点无增加或减少情况；通过用电信息采集系统（简称电采系统）查询，不存在跨越台区调整计量点等情况，电能表自动采集成功率始终为100%，不存在手动调整电量的情况；沟通咨询供电服务指挥中心了解近期该台区未接到线路设备报修工单，也不存在因相邻台区或低压线路设备故障临时挂接相邻台区计量点的情况，由此初步判断该台区存在疑似窃电用户。

图8-5 线损率图

工作人员利用营销系统及用电信息采集系统查询该台区下辖198位用户往月及去年同期户日均电量值，确定电量波动较大的疑似用户徐××、张××，利用大数据筛选出疑似用户后，利用营销系统查询客户用电报装容量信息、往月电量电费信息、计量装置配置信息、计量装置安装现场施封信息、电源信息、用电性质以及电价等信息，通过报装容量和往月电量电费以及执行电价信息对照，初步判断客户窃电的可能性和大概率可能使用的方式方法，为现场提供基础的客户资料信息。随即通知台区经理办理现场检查所必需的审批手续，携带现场视频记录仪、万用表、钳形电流表、证物袋、《用电检查单》《用电检查结果通知单》以及检查所需的个人工器具对该台区的重点疑似客户开展现场用电检查。

到达现场后工作人员严格按照现场作业安全规范要求，做好必要的人身防护和安全措施，经台区经理现场检查后，发现张××所在计量箱铅封完好，打开计

量箱后发现表尾螺钉松动，使用钳形电流表测量进出线电流分别为 2.3、1.6A，造成电量少计，因现场并无明显破坏痕迹，判断为自然老化松动，拧紧螺钉后电流正常；徐××计量箱未加载铅封，用户电能表表尾接线异常，中性线和相线并线绕越电能表，如图 8-6 所示。

使用钳形电能表测量实际电流为 2.5A，电能表计量电流为 0A，属于典型绕越计量装置窃电。

发现窃电异常后，台区经理及时通知客户到达现场，首先主动出示工作证件亮明我方身份，再确认客户实际身份，并向其表明我方的来意和目的，然后告知客户我们发现的现场疑点和初步检查数据，要求客户在场一起对表箱开展开箱检查，并对电能表实际运行环境、运行状况和运行数据进行测量记录。打开表

图 8-6　疑似更改处

箱前首先告知现场实际在用铅封已损坏，并已经对现场在用铅封进行拍照取证。打开表箱后，发现电能表接线端子有明显破坏行为，使用钳形电能表测量进出线电流相差较大，属于明显的绕越计量装置窃电，确认窃电行为后，工作人员立即对现场终止供电。

事后经询问，客户承认在××年底，通过熟人介绍精通电工知识的李××，私自破坏计量箱铅封，调整表尾接线，绕越表计使其达到窃电的目的，同时比对用电信息采集系统，确认该户于××年 12 月 24 日起，电量明显减少，两方时间相符，确定该用户窃电时间为××年 12 月 24 日～××年 1 月 9 日，共计 17 天。最终该客户承认了自己的窃电事实并同意接受处理。

台区经理随即对用户下达《用电检查结果通知单》，告知窃电事实清楚，确认签字并在规定时间内到营业厅补缴电费及违约使用电费。完成现场检查后，工作人员通知供电所内勤人员及时在营销系统发起窃电处理流程，并录入相关资料、证据等。

处理完现场两处缺陷后，通过用电信息采集系统再次进行线损统计，该台区线损率正常，如图 8-7 所示。

图 8-7　线损率图

查处依据

此案例窃电量按照《供电营业规则》第一百零五条第二款计算确定。

事件处理

追补电量为 $5 \times 0.22 \times 6 \times 17 = 112.2$（$kW \cdot h$）。

追补电费为 $112.2 \times 0.568 = 63.73$（元）。

三倍违约使用电费为 $63.73 \times 3 = 191.199$（元）。

合计追缴为 $63.73 + 191.13 = 254.92$（元）。

暴露问题

（1）日常巡视频次过低或巡视流于形式，未能及时发现设备老化引起的电量缺失。

（2）日线损统计情况波动反应不及时，窃电行为未能及时发现并予以制止，造成电量缺失。

（3）对计量表箱管理不合格，计量巡视流于表面，现场巡视周期过长，未能及时发现计量表箱破损。

（4）用电检查缺乏主动性，总是出现问题再去解决问题。

（5）供电所基层人员缺乏相应的专业知识，缺少处理相应问题的专业能力，不能做到及时发现问题，解决问题，只能一味求助于上级部门专业人员进行处理。

防范措施

（1）日常巡视要保质保量，精准到位。

（2）加强日线损监测，不能把日线损监督体制流于形式，应做到波动必查。

（3）加强现场计量装置巡视巡察管控力度，加强计量表箱铅封管理，研究新型防盗铅封，使表箱更牢固、更安全。

（4）加强小区或村庄日常监督检查力度，明确责任到人。

（5）积极开展反窃电宣传，从源头及时遏制窃电产生。

3 绕越计量私接线　电量异常露马脚

⚙ **查处经过**

国网××供电公司东区供电中心用电监察专责蔡××，在对其辖区线损较高台区开展排查的过程中，发现 WP733 台区较长一段时间内线损偏高。通过营销系统查询，该台区近期不存在客户新增、计量点变更、电能表更换、客户销户等工单台区用电计量点无增加和减少的情况，通过查询用电信息采集系统不存在跨越台区调整计量点的情况，电能表自动采集成功率近三个月始终为 100%，不存在手动调整电量的情况，沟通咨询供电服务指挥中心了解近三个月该台区未接到线路设备报修工单，也不存在因相邻台区或低压线路设备故障临时挂接相邻台区计量点的情况，并且现场排查线路及其他隐患后也排除了因线路老化等设备问题造成的高损，由此初步判断该台区可能存在疑似窃电用户。

随即通知台区客户经理对该台区进行重点关注并通过用电信息采集系统对该台区所辖所有计量表计开展远程数据筛查分析，开展数据分析的同时，安排人员对该台区低压线路进行巡视，排除直接挂线窃电的可能性，经排查后未发现有挂线窃电电能表。随后稽查人员对台区零电量及小电量客户逐户核实用户实际用电情况，以缩小疑似窃电客户的筛查范围。

在工作人员逐户核查过程中怀疑户号 3080××××××的客户现场实际用电情况可能与零电量不符，于是在办理完相关的现场检查审批手续后携现场视频记录仪、用电检查单、用电检查结果通知单以及检查所需的个人工器具对其表箱展开现场检查。检查发现该客户表箱似乎有破坏痕迹且表箱旁墙体有破损，工作人员随即通知供电所客户经理到达现场，客户经理通知客户到达现场后首先亮明我方人员身份，再确认客户实际身份，向其表明我方的来意和目的后与客户一起查看现场，经工作人员仔细检查发现存在墙埋表箱进线处开口窃电的情况，如图 8-8 所示。

图 8-8　表箱进线处开口

客户对自己绕越计量装置窃电的行为供认

不讳，现场签下窃电通知单，工作人员告知客户须在规定时间内到供电所补缴电费且缴纳违约金。

现场测得其电流为 8.33A，窃电时间无法确定，按 180 天计。

查处依据

此案例符合《供电营业规则》第一百零三条规定，属于窃电行为，窃电量按照第一百零五条计算。

事件处理

追补电量为 8.70（A）×0.22（kV）×6×180＝2067（kW·h）。

追补电费为 2067×0.568＝1174.06（元）。

三倍违约使用电费为 1174.06×3＝3522.18（元）。

合计为 1174.06＋3522.18＝4696.24（元）。

暴露问题

（1）此客户窃电量较小导致其所在台区线损率虽有上升，但仍在考核范围之内，没有引起足够的重视；

（2）对客户进行的反窃电宣传力度不够，导致部分客户对于反窃电政策理解力不够；

（3）台区经理线损责任意识不够，未压实责任到人，并且缺乏反窃电技术知识。

防范措施

（1）压实台区经理台区线损责任，做好辖区台区线损监控及表箱计量装置巡视工作，管控好台区线损监测第一道防线。

（2）对台区经理进行反窃电知识培训，强化台区经理反窃电能力。

（3）在中心安排专人对台区线损做好监控，对于异常台区及线损突变台区及时处理，做好第二道防线。

（4）强化反窃电方面的宣传，增加打击窃电的打击处罚力度。

4　明明断电却有电　擅自接线找漏洞

查处经过

××年 5 月 28 日晚，国网××供电公司接当地政府通知，用户白××（户号 7520×××××××）存在安全隐患，要求国网××供电公司配合政府对其实施安全隐患通知并断电，××年 5 月 31 日，国网××供电公司××县供电公司××供电所台区经理荆××在进行日常巡视工作时，发现该客户用电地址仍在用电，怀疑该客户存在私自用电行为，随即通知供电所对该客户进行检查。供电所工作人员在办理完相关的现场检查审批手续后，携现场视频记录仪联系客户到达现场，在客户的陪同下对客户表箱进行检查，发现该客户私自接线用电且电压与电流线接的不同相，导致表计误差过大，如图 8-9 所示。

图 8-9 私自接线用电

现场检查结束后，客户白××对自己私自接线用电的行为供认不讳，现场在违约用电通知书上签字，并承诺在规定的期限内到供电所接受处罚。

经调查了解，该客户擅自接线用电用于企业生产及降温处理，从用电信息采集系统中查询该客户电流曲线数据异常天数，确定该客户从××年 5 月 29 日开始窃电，至检查日××年 5 月 31 日止，窃电时间共计为 3 天，根据检查现场客户机器使用负荷共 35kW（一个 18.5kW 电动机，三个 5.5kW 电动机），每日按 12h，确定其追补电量为 1260kW·h。

查处依据

此案例符合《供电营业规则》第一百零三条规定，属于窃电行为。

窃电客户擅自接线，用电信息采集系统中可查询到客户窃电时间为 5 月 29～31 日，共计 3 天，所窃电量按私接设备额定容量即 35kW 计。

事件处理

追补电量为 $35 \times 12 \times 3 = 1260$（kW·h）。

追补电费为 $1260 \times 0.7171 = 903.55$（元）。

三倍违约使用电费为 $903.55 \times 3 = 2710.65$（元）。

合计追缴为 $903.55 + 2710.65 = 3614.20$（元）。

暴露问题

对短时间内窃电的客户监测不到位，存在疏漏。

🔧 **防范措施**

（1）加强辖区内巡视，对计量表箱做好加封加锁。

（2）加大反窃电工作宣传，以及私自接线的危险性。

⑤ 巧破皮外接线　依数据遁无形

⚙ **查处经过**

××年6月1日，国网××供电公司××供电中心××供电所经用电信息采集系统监控发现近期××街WP7×4台区线损突增，线损率10%。

通过用电信息采集系统查询，该台区不存在跨越台区调整计量点等情况；该台区近期未接到线路设备报修工单，也不存在因相邻台区或低压线路设备故障临时挂接相邻台区计量点的情况，由此初步判断该台区可能存在疑似窃电用户。

××供电所随即组织人员对该台区所带用户进行排查，经现场排查该台区表计无误，正确计量，铅封完好。随后安排人员对该台区低压线路进行巡视，在排查低压线路时，发现台区下一处低压电缆上有用户私自破坏电缆绝缘皮，私接火线，通过私接线路，找到用户处对其进行查处如图8-10、图8-11所示。

图8-10　现场检查图（一）

图8-11　现场检查图（二）

⚙ **查处依据**

此案例符合《供电营业规则》第一百零三条规定，属于窃电行为，窃电量按照第一百零五条计算。

📖 **事件处理**

按照当时用户家实际用电容量一台空调 3kW，计算的罚款金额。

追补电量为 $3 \times 180 \times 6 = 3240$（kW·h）。

追补电费为 $3240 \times 0.568 = 1840.32$（元）。

三倍违约使用电费为 $1840.32 \times 3 = 5520.96$（元）。

合计追缴为 $1840.32 + 5520.96 = 7361.28$（元）。

💡 **暴露问题**

对台区低压线路巡视力度不够，无法及时发现窃电行为。

✋ **防范措施**

加强线路日常巡视，巡视工作要认真仔细，切勿走马观花，建立日常巡视管理机制。

6 电采系统快准稳 打击绕越迅精狠

⚙ **查处经过**

××年 5 月 30 日，国网××市供电公司××供电所工作人员王××，在对

图 8-12 表前侧有隐藏导线接入用电设备

其辖区进行线损统计分析时发现北街 2 台区线损率异常，怀疑该台区存在窃电行为。通过用电信息采集系统远程召测该台区所有客户用电数据并对电能表电压、电流、相位功率等进行逐一对比分析，苏××户号 753018×××× 近日采集数据异常，抛除季候、用电习惯等因素，疑似存在窃电行为，遂与客户经理开展现场摸排巡视工作。

通过现场检查，发现该客户电能表箱铅封破损，存在私自打开现象。经检查其接线发现其表前接线侧有隐藏导线接入用电设备，如图 8-12 所示，属于绕越供电企业用电计量装置用电的窃电行为。

客户经理随即联系当事人进行现场确定，面对事实，苏××对其窃电行为供

认不讳，并按要求当场对其停电并拆除窃电装置，之后对其下发用电违约通知书。事后，用电信息采集系统再次召测该台区，发现线损率恢复正常。

查处依据

此案例符合《供电营业规则》第一百零三条规定，属于窃电行为，窃电量按照第一百零五条计算。

第一百零三条　窃电行为包括：

（一）在供电企业的供电设施上，擅自接线用电；

（二）绕越供电企业用电计量装置用电；

（三）伪造或者开启供电企业加封的用电计量装置封印用电；

（四）故意损坏供电企业用电计量装置；

（五）故意使供电企业用电计量装置不准或者失效；

（六）采用其他方法窃电。

第一百零四条　供电企业对查获的窃电者，应予制止并可当场中止供电。窃电者应按所窃电量补交电费，并承担补交电费三倍的违约使用电费。拒绝承担窃电责任的，供电企业应报请电力管理部门依法处理。窃电数额较大或情节严重的，供电企业应提请司法机关依法追究刑事责任。

第一百零五条　能够查实用户窃电量的，按已查实的数额确定窃电量。窃电量不能查实的，按照下列方法确定：

（一）在供电企业的供电设施上，擅自接线用电的，所窃电量按私接设备额定容量（千伏安视同千瓦）乘以实际使用时间计算确定；

（二）以其他行为窃电的，所窃电量按计费电能表标定电流值（对装有限流器的，按限流器整定电流值）所指的容量（千伏安视同千瓦）乘以实际窃用的时间计算确定。

窃电时间无法查明时，窃电日数至少以一百八十天计算，每日窃电时间：电力用户按十二小时计算；照明用户按六小时计算。

事件处理

经现场走访调查，用户窃电时间约为 3 个月，现场检查该客户的窃电使用负荷（电动车充电）1.15kW，每天充电时间约为 4h。

追补电量为 1.15kW×90 天×4h＝414（kW·h）。

追补电费为 414kW·h×0.568 元/（kW·h）＝235.15（元）。

三倍违约使用电费为 235.15 元×3＝705.46 元。

合计追缴为 235.15 元＋705.46 元＝940.61（元）。

暴露问题

（1）用电信息采集系统应用频率不足，未能及时登录用电信息采集系统进行分析，及早发现、及早制止。

（2）巡视工作不到位，未能及时发现表箱内问题。

防范措施

（1）加大巡视频次，增强责任意识，落实到表箱加封加锁工作。

（2）加强用电信息采集系统使用频率以及线损分析工作，及早处理异常数据。

7　请勿随意接"私"活

查处经过

××年8月9日，国网××供电公司××市供电公司××服务站站长朱××和××市稽查队队长梁×，在现场巡视时发现10kV曲72号×村线下导线疑似被动过手脚，经过××中心供电所电工为期近一个小时的不懈努力，找到了集束导线上的问题，于××年8月9日上午10时，发现××市××机械制造有限公司存在窃电行为。在通知计量专业相关人员后，于次日××中心供电所配电运检班一班成员与计量人员一起赶往现场进行勘察。到现场后工作人员对现场进行甄别及校验，发现此表箱内原线路已被拆除，存在私接线路。随后通知用户现场核实，工作人员一边取证一边当着客户面打开电能表箱，发现在集束导线上私自接线行为，确认窃电。面对证据，客户签下"窃电通知书"，当场中止供电，客户表示愿意接受处理。图8-13为客户窃电现场照片。事后，比对用电信息采集系统，确认该户于××年8月8日起，电量明显减少，两方时间相符，经核实，实际使用时间按180天、每天12h计算。

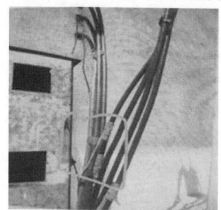
图8-13　窃电现场照片

查处依据

此案例符合《供电营业规则》第一百零三条规定，属于窃电行为，窃电量按照第一百零五条计算。

📖 **事件处理**

根据《国家发展改革委关于进一步深化燃煤发电上网电价市场化改革的通知》《省发展改革委关于转发〈国家发展改革关于进一步深化燃煤发电上网电价市场化改革的通知〉的通知》《省发展改革委关于转发〈国家发展改革委办公厅关于组织开展电网企业代购电工作有关事项的通知〉的通知》，按照营销系统上显示，当时用户家实际用电容量5.66kW，计算的罚款金额见表8-2。

表 8-2　　　　　　　　　　　电费追补表

追补时间	追捕天数	实时电价［元/（kW·h）］	追补电量（kW·h）	追补电费（元）
2.10~2.28	18	0.743799	1222.56	909.34
3.1~3.31	31	0.747879	2105.52	1574.67
4.1~4.30	30	0.746489	2037.6	1521.05
5.1~5.31	31	0.717129	2105.52	1509.87
6.1~6.30	30	0.714146	2037.6	1455.14
7.1~7.31	31	0.715719	2105.52	1506.96
8.1~8.9	9	0.722265	611.28	441.51
合计	180	—	12225.6	8918.54

追补电费为 909.34＋1574.67＋1521.05＋1509.87＋1455.14＋1506.96＋441.51＝8918.54（元）。

三倍违约使用电费为8918.54×3＝26755.62（元）。

合计追缴为26755.62＋8918.54＝35674.16（元）。

💡 **暴露问题**

（1）对用电信息采集系统应用力度不够，未能做到每天分析，及时发现，及时制止。

（2）对专用变压器客户巡视频次不够，未能及时发现客户私自在集束导线上私自接线。

👉 **防范措施**

（1）加强用电信息采集系统的应用，对线损存在异常的台区线路，及时进行分析，做到早发现、早制止。

（2）加大对专用变压器客户巡视频次，及时发现客户的窃电行为并进行制止。

8 专业设备来帮忙 隐蔽"手法"无处藏

⚙ 查处经过

××年7月初，××供电所工作人员工作过程中发现辖区××小区十二号台区持续几个月线损较高，怀疑该台区存在窃电行为。

线损专员通过电采系统对该台区下所有电能表反向电量、三相电压、相线电流、中性线电流等数据进行召测，未发现明显异常，随即决定进行现场排查。该台区下电能表众多且位置较为分散，拉网式现场核查势必耗时费力，在计量中心的支持下，7月4日，工作人员在变压器低压侧各分支线路安装了专业监测设备，该设备能够监测线路上电压、电流以及用电量，经过与电采系统中用户当天用电量进行比对，锁定问题出现在台区下某一表箱。

7月7日上午，××供电所协同营销部、计量中心工作人员前往现场进行核查。到现场后工作人员对该低压分路下每一块电能表进行检查，通过将该表箱内所有的线路分离，逐条进行梳理，发现用户郭×在供电设施上，擅自接线用电，属于无表用电情况。随后通知用户现场核实，用户承认曾找人在未经供电公司允许的情况下，擅自打开表箱将负荷线路接入表箱进线母排。工作人员随即进行了取证，确认窃电，用户签下"违约用电、窃电通知书"，表示愿意接受处理。图8-14为现场照片。

图8-14 疑似更改处

用户利用表箱中电源线接入空开，工艺规整、手法专业，加之表箱内线路众多，该用户利用绑扎带将窃电线路隐藏于其他线路之后，不将所有绑扎带拆解开来难以发现，较为隐蔽。

工作人员通过用电信息采集系统对比该户用电量信息，确定该用户自××年4月起，电能表再未产生电量，判定窃电时间共计94天。

🔧 查处依据

此案例符合《供电营业规则》第一百零三条规定，属于窃电行为，窃电量按照第一百零五条计算。

事件处理

用户私接设备额定容量 5kW，因此在追补电量时按照此额定容量电计算。根据《国家发展改革委关于进一步深化燃煤发电上网电价市场化改革的通知》《国家发展改革委关于进一步做好电网企业代购电工作的通知》《国家发展改革委关于第三监管周期省级电网输配电价及有关事项的通知》《省发展改革委关于转发〈国家发展改革委关于进一步深化燃煤发电上网电价市场化改革的通知〉的通知》《省发展改革委关于转发〈国家发展改革委办公厅关于组织开展电网企业代购电工作有关事项的通知〉的通知》《河南省发展和改革委员会关于第三监管周期河南电网输配电价调整有关事项的通知》，此客户追补电量对应时间及对应电价见表 8-3。

表 8-3　　　　　　　　　　　　　电费追补表

追补时间	追补天数	实时电价［元/（kW·h）］	追补电量（kW·h）	追补电费（元）
4.5～4.30	26	0.746489	1560	1164.52284
5.1～5.31	31	0.717129	1860	1333.85994
6.1～6.30	30	0.714146	1800	1285.4628
7.1～7.7	7	0.715719	420	300.60198
合计	94	—	5640	4084.44756

追补电量为 $5×12×94=5640$（kW·h）。

追补电费为 $1164.52284+1333.85994+1285.4628+300.6\ 0198=4084.45$（元）。

三倍违约使用电费为 $4084.45×3=12253.35$（元）。

合计为 $4084.45+12253.35=16337.8$（元）。

暴露问题

（1）计量箱封印管理存在明显漏洞，存在大量无封表箱，有封表箱形同虚设，非工作人员仅需一把钳子便可随意打开表箱，实施窃电。

（2）表箱现场巡视不到位，客户经理管理台区、客户众多，未能及时发现表箱中存在的问题。

防范措施

（1）加强计量箱封印管理，必要时可改变计量箱封印形式，使之更加牢固可靠，从根本上防范用户随意打开表箱，更改计量装置。

（2）建立线损管理机制，制订积极的线损管理政策，增强客户经理查窃降损积极性；强化客户经理主体责任意识，加强日常台区线损监控及计量装置巡视。

9 绕越"好处"多 伸手必被抓

⚙ 查处经过

××年3月7日，×供电所线损专员在对其辖区进行日常线损统计分析时发现配009××台区线损率异常，2月27日~3月6日，周线损率6.34%，损失电量612kW•h，通过电力营销业务应用系统（简称营销系统）查询，该台区近期未存在客户新增、计量点变更、电能表更换、客户销户等工单，台区用电计量点无增加或减少情况；通过用电信息采集系统查询，不存在跨越台区调整计量点等情况，电能表自动采集成功率始终为100%，不存在手动调整电量的情况；沟通咨询供电服务指挥中心了解到近期该台区未接到线路设备报修工单，也不存在因相邻台区或低压线路设备故障临时挂接相邻台区计量点的情况，由此初步判断该台区存在疑似窃电用户。

工作人员利用营销系统及用电信息采集系统查询该台区下辖198位用户往月及去年同期户日均电量值，确定电量波动较大的疑似用户王××，利用大数据筛选出疑似用户后，利用营销系统查询客户用电报装容量信息、往月电量电费信息、计量装置配置信息、计量装置安装现场施封信息、电源信息、用电性质以及电价等信息，通过报装容量和往月电量电费以及执行电价信息对照，初步判断客户窃电的可能性和大概率可能使用的方式方法，为现场提供基础的客户资料信息。随即通知台区经理办理现场检查所必需的审批手续，携带现场视频记录仪、万用表、钳形电流表、证物袋、《用电检查单》《用电检查结果通知单》以及检查所需的个人工器具对该台区的重点疑似客户开展现场用电检查。

到达现场后工作人员严格按照现场作业安全规范要求，做好必要的人身防护和安全措施。经台区经理现场检查后，发现王××计量箱未加载铅封，并且有明显的破坏痕迹，打开表箱后发现该用户电能表表尾接线异常，相线、中性线并线绕越电能表如图8-15所示。使用钳形电流表测量实际电流为3.0A，电能表计量电流为0A，属于典型的绕越计量装置窃电。

发现窃电异常后，台区经理及时通知客户到达现场，首先主动出示工作证件亮明我方身份，再确认客户实际身份，并向其表明我方的来意和目的。然后告知客户我们发现的现场疑点和初步检查数据，要求客户在场一起对表箱开展开箱检查，并对电能表实际运行环境、运行状况和运行数据进行测量记录。打开表箱前首先告知现场实际在用铅封已损坏，并已经对现场在用铅封进行拍照取证。打开表箱后，发现电能表接线端子有明显破坏行为，使用钳形电能表测量进出线电流相差较大，属于明显的绕越计量装置窃电，确认窃电行为后，工作人员立即对现场终止供电。

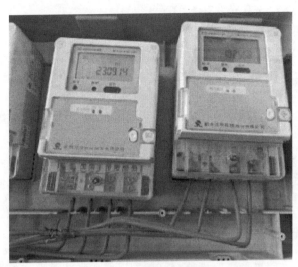

图 8-15 疑似更改处

事后调查得知，该客户承认在××年 2 月经与熟人介绍认识了电工张×，电工张×利用专业知识告诉该客户可以采用此方式窃电并且与供电公司"打好招呼"不会进行现场检查，该客户听信电工张×，随即在××年 2 月 27 日将计量箱人为破坏进行窃电。根据客户口述事情发生的时间，并同时比对用电信息采集系统，确认该客户于××年 2 月 27 日起开始电量明显减少，两方时间相符，确认该用户实际窃电时间为 2 月 27 日～3 月 6 日，共计 8 天。最终该客户承认了自己的窃电事实并同意接受处理。

台区经理随即对用户下达《用电检查结果通知单》，告知窃电事实清楚，确认签字并在规定时间内到营业厅补缴电费及违约使用电费。完成现场检查后，工作人员通知供电所内勤人员及时在营销系统发起窃电处理流程，并录入相关资料、证据等。

查处依据

此案例符合《供电营业规则》第一百零三条第二款～第五款属于窃电行为，并按照第一百零五条第二款计算所窃电量。

📖 事件处理

经查询营销系统，该客户实际使用电量未超过阶梯第一挡，故追补电费时电价按照第一挡计算。

追补电量为 $5 \times 0.22 \times 6 \times 8 = 52.8$（$kW \cdot h$）。

追补电费为 $52.8 \times 0.56 = 29.57$（元）。

三倍违约使用电费为 $29.57 \times 3 = 88.71$（元）。

合计追缴为 $29.57 + 88.71 = 118.28$（元）。

💡 暴露问题

（1）对计量表箱管理不合格，计量巡视流于表面，现场巡视周期过长，未能及时发现计量表箱破损。

（2）用电检查缺乏主动性，总是出现问题再去解决问题。

（3）供电所基层人员缺乏相应的专业知识，缺少处理相应问题的专业能力，不能做到及时发现问题、解决问题，只能一味求助于上级部门专业人员进行处理。

🧤 防范措施

（1）加强现场计量装置巡视巡察管控力度，加强计量表箱铅封管理，研究新型防盗铅封，使表箱更牢固、更安全。

（2）加强日常台区线损管控力度，做到日日查，如有问题及时处理。

（3）加强小区或村庄日常监督检查力度，明确责任到人。

（4）积极开展反窃电宣传，从源头及时遏制窃电产生。

10 群众智抓"电老鼠"

⚙ 查处经过

××年6月，公司对外公开的窃电举报电话接到匿名举报，某客户多次晚上拿着手电筒在自家表箱前进行开箱操作，希望供电公司派专人去现场检查。

接到群众举报后，供电所人员立即通过电力营销业务应用系统查询客户用电报装容量信息、往月电量电费信息、计量装置配置信息、计量装置安装现场施封信息、电源信息、用电性质以及电价等信息。利用电力用户用电信息采集系统"统计查询"模块的"基础数据查询功能"对比该客户近三个月的日用电量信息，同时通过查看对比每日的电流、电压、功率、功率因数等曲线数据，查找有无可疑的用电信息，对比营销系统查询到的用电性质以及电价信息对比日负荷曲线，查找有无可疑的负荷信息。利用线损一体化平台对比中压日线损情况，查询线路中压线损波动情况。

　　经用电信息采集系统查询该客户电流曲线图，发现 5 月 11 日以前电流值稳定正常，从该日起电流值突然中断为 0 且根据群众反映，该客户家中一直有人，故可判断该客户存在窃电可能，需要现场进一步检查。

　　随即通知台区经理办理现场检查所必需的审批手续，携带现场视频记录仪、万用表、钳形电流表、证物袋、《用电检查单》《用电检查结果通知单》以及检查所需的个人工器具对该重点疑似客户开展现场用电检查。开始实施现场检查之前，通过用电信息采集系统"采集业务"模块远程召测电能表实时电压、电流、功率等数据，得知该客户目前的用电情况与之前没有明显变化，判断现在开展用电检查的时机可以，工作人员马上严格按照现场作业安全规范要求，做好必要的人身防护和安全措施，经台区经理现场检查后，发现该客户张×利用假的铅封蒙蔽巡视检查人员，打开表箱后，发现计量装置前明显进出线短接，如图 8-16 所示，使用钳形电流表测量实际电流为 4.0A，电能表计量电流为 0A，属于典型的绕越计量装置窃电。

图 8-16　疑似更改处

　　发现窃电异常后，台区经理及时通知客户到达现场，首先主动出示工作证件亮明我方身份，再确认客户实际身份，并向其表明我方的来意和目的。然后告知客户我们发现的现场疑点和初步检查数据，要求客户在场一起对表箱开展开箱检查，并对电能表实际运行环境、运行状况和运行数据进行测量记录。打开表箱前首先告知现场实际在用铅封已损坏，并已经对现场在用铅封进行拍照取证。打开表箱后，发现电能表接线端子有明显进出线短接现象，使用钳形电能表测量进出线电流相差较大，属于明显的绕越计量装置窃电，确认窃电行为后，工作人员立即对现场终止供电。

　　该客户在事实面前拒不承认是自己对表箱进行破坏，并采取进出线短接手段窃电，待工作人员对现场事实进行逐一清楚描述，并提供客户夜晚对表箱进行窃电动作视频，在事实证据面前无法狡辩，随即承认了窃电事实。客户承认在××年 5 月得知村里即将拆迁，村里人员流动大、情况复杂，认为供电所不会在对即将拆迁小区进行用电检查，就算查到了也会模糊处理且因家里人口多、用电量大，故采用此方式窃电。根据客户口述事情发生的时间，并同时比对用电信息采集系统，确认该客户于××年5月11日起开始电量明显减少，两方时间相符，确认该用户实际窃电时间为5月11日～6月11日，共计30天。最终该客户承认了自己的窃电事实并同意接受处理。

台区经理随即对用户下达《用电检查结果通知单》，告知窃电事实清楚，确认签字并在规定时间内到营业厅补缴电费及违约使用电费。完成现场检查后，工作人员通知供电所内勤人员及时在营销系统发起窃电处理流程，并录入相关资料、证据等。

查处依据

此案例符合《供电营业规则》第一百零三条第二款～第五款，属于窃电行为，并按照第一百零五条第二款计算所窃电量。

事件处理

经查询营销系统，该客户实际使用电量未超过阶梯第一挡，故追补电费时电价按照第一挡计算。

追补电量为 $5 \times 0.22 \times 6 \times 30 = 198$ （kW·h）。

追补电费为 $198 \times 0.56 = 110.88$ （元）。

三倍违约使用电费为 $110.88 \times 3 = 332.64$ （元）。

合计追缴为 $110.88 + 332.64 = 443.52$ （元）。

暴露问题

（1）供电所人员对该台区用电情况不熟悉，导致客户窃电30天未能及时发现问题。对情况复杂的小区应制订相应的管理规范，杜绝有人趁乱"制乱"。

（2）对计量表箱管理不合格，计量巡视流于表面，现场巡视周期过长，未能及时发现计量表箱破损。

（3）用电检查缺乏主动性，总是出现问题再去解决问题。

（4）供电所基层人员缺乏相应的专业知识，缺少处理相应问题的专业能力，不能做到及时发现问题、解决问题，只能一味求助于上级部门专业人员进行处理。

防范措施

（1）加强现场计量装置巡视巡察管控力度，加强计量表箱铅封管理，研究新型防盗铅封，使表箱更牢固、更安全。

（2）加强日常台区线损管控力度，做到日日查，如有问题及时处理。

（3）加强小区或村庄日常监督检查力度，明确责任到人。

（4）积极开展反窃电宣传，从源头及时遏制窃电产生。

11 为省电费存侥幸 巡视检查露事实

查处经过

××年7月，在供电所日常计量巡视过程中，巡视人员发现某面馆表箱铅封疑似有损坏现象，随即前往表箱处查看，发现铅封被外力损坏。发现该问题后，巡视人员立即通知供电所专业工作人员查询该客户相关信息。供电所工作人员接到指令后，立即通过电力营销业务应用系统查询用户客户用电报装容量信息、往月电量电费信息、计量装置配置信息、计量装置安装现场施封信息、电源信息、用电性质以及电价等信息。利用电力用户用电信息采集系统"统计查询"模块的"基础数据查询功能"对比该客户近三个月的日用电量信息，同时通过查看对比每日的电流、电压、功率、功率因数等曲线数据，查找有无可疑的用电信息，对比营销系统查询到的用电性质以及电价信息对比日负荷曲线，查找有无可疑的负荷信息。利用线损一体化平台对比中压日线损情况，查询线路中压线损波动情况。

经用电信息采集系统查询该客户电流曲线图，发现该客户从7月3日起电流值中断且该面馆除春节未营业外，其余时间都是正常开门对外营业。巡视人员发现异常后，判断该客户存在窃电可能，需要打开计量箱进行内部检查。

随即通知台区经理办理现场检查所必需的审批手续，携带现场视频记录仪、万用表、钳形电流表、证物袋、《用电检查单》《用电检查结果通知单》以及检查所需的个人工器具对该重点疑似客户开展现场用电检查。开始实施现场检查之前，通过用电信息采集系统"采集业务"模块远程召测电能表实时电压、电流、功率等数据，得知该客户目前的用电情况与之前没有明显变化，判断现在开展用电检查的时机可以，工作人员马上严格按照现场作业安全规范要求，做好必要的人身防护和安全措施。经台区经理现场检查后，发现该客户刘×利用假的铅封蒙蔽巡视检查人员，打开表箱后，发现计量装置前明显进出线短接，使用钳形电流表测量实际电流为5.0A，电能表计量电流为0A，属于典型的绕越计量装置窃电。

发现窃电异常后，台区经理及时通知客户到达现场，首先主动出示工作证件亮明我方身份，再确认客户实际身份，并向其表明我方的来意和目的；然后告知客户我们发现的现场疑点和初步检查数据，要求客户在场一起对表箱开展开箱检查，并对电能表实际运行环境、运行状况和运行数据进行测量记录。打开表箱前首先告知现场实际在用铅封已损坏，并已经对现场在用铅封进行拍照取证。打开表箱后，发现电能表接线端子有明显进出线短接现象如图 8-17 所示，使用钳形电能表测量进出线电流相差较大，属于明显的绕越计量装置窃电，确认窃电行为后，工作人员立即对现场终止供电。

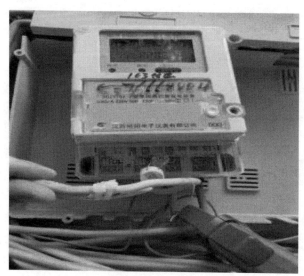

图 8-17　电能表进出线短接

该客户在事实证据面前不再狡辩，随即承认窃电事实。经客户描述，是一位经常在店里吃饭的朋友，说是以前在供电局干活的电工，告诉他供电公司不会天天来巡视表箱，可采取这种手段窃电，能省下不少电费，所以该客户便产生了侥幸心理，采取窃电的方式节省电费。根据客户口述事情发生的时间，并同时比对用电信息采集系统，确认该客户于××年 7 月 3 日起开始电量明显减少，两方时间相符，确认该客户实际窃电时间为 7 月 3～23 日，共计 20 天。最终该客户承认了自己的窃电事实并同意接受处理。

台区经理随即对用户下达《用电检查结果通知单》，告知窃电事实清楚，确认签字并在规定时间内到营业厅补缴电费及违约使用电费。完成现场检查后，工作人员通知供电所内勤人员及时在营销系统发起窃电处理流程，并录入相关资料、证据等。

查处依据

此案例符合《供电营业规则》第一百零三条第二款～第五款，并按照第一百零五条第二款按计费电能表标定电流值（对装有限流器的，按限流器整定电流值）

计算所窃电量。

📖 事件处理

根据"国网××省电力公司关于 2023 年 7 月代理工商业用户购电价格的公告"中"国网××省电力公司代理购电工商业用户电价表"计算见表 8-4。

表 8-4　　　　　　　　　　　代理购电工商业用户电价表

用电分类		电压等级	电度用电价格 [元/(kW·h)]	分时电度用电价格 [元/(kW·h)]				容（需）量用电价格	
				尖峰时段	高峰时段	平时段	低谷时段	最大容量 [元/(kW·月)]	变压器容量 [元/(kW·月)]
工商业用电	单一制	不满 1 kV	0.715719375	1.343758	1.176367	0.715719	0.371855		
		1～10 kV	0.688219375	1.289638	1.129342	0.688219	0.358930		
		35～110 kV 以下	0.661419375	1.236895	1.083514	0.661419	0.346334		
		110kV 及以上	0.63479375	1.184350	1.037857	0.634719	0.333785		

经查询营销系统，该客户为工商业电价不满 1kV 且不执行峰谷分时，查表得知 7 月份电价为 0.715719375 元/（kW·h），根据此电价计算如下：

追补电量为 5×0.22×6×20＝132（kW·h）。

追补电费为 132×0.7157＝94.47（元）。

三倍违约使用电费为 94.47×3＝283.42（元）。

合计追缴为 94.47＋283.42＝377.88（元）。

⚙ 暴露问题

（1）供电所人员对该台区用电情况不熟悉，导致客户窃电多日未能及时发现问题。

（2）对计量表箱管理不合格，计量巡视流于表面，现场巡视周期过长，未能及时发现计量表箱破损。

（3）用电检查缺乏主动性，总是出现问题再去解决问题。

（4）供电所基层人员缺乏相应的专业知识，缺少处理相应问题的专业能力，不能做到及时发现问题、解决问题，只能一味求助于上级部门专业人员进行处理。

防范措施

（1）加强现场计量装置巡视巡察管控力度，加强计量表箱铅封管理，研究新型防盗铅封，使表箱更牢固、更安全。

（2）加强日常台区线损管控力度，做到日日查，如有问题及时处理。

（3）加强台区日常监督检查力度，明确责任到人。

（4）积极开展反窃电宣传，从源头及时遏制窃电产生。

章节总结

本章节选取了较为典型的现场真实案例，揭示了私自接线绕越计量装置窃电的隐蔽性和复杂性，以及相应有效的反窃电方法。在选取的典型案例中，窃电的方法多种多样，希望通过对此类窃电典型案例的分析，能给电力行业从业者带来启示和反思。

针对此类窃电行为，供电公司灵活运用营销系统和用电信息采集系统进行数据分析，为现场查窃电打下基础，极大地提高了反窃电的工作效率，利用营销系统和用电信息采集系统的"数据证据"以及现场检查的"事实证据"，两相证据相互印证，使窃电人员无所遁形。

当然，在这些典型案例的背后，是大量电力资源的流失，也是我们作为电力从业者需要反思的地方。首先，需要通过多媒体手段，积极宣传用电安全教育，提高广大人民群众对窃电行为的认知和危害性；其次，加强用电管理，完善用电检查制度和用电稽查制度，对窃电行为必须处罚到位，对举报窃电或提供窃电线索的进行相应奖励。最后，加大研究新型防盗计量箱的力度，保护计量装置不受人为破坏，更大程度防止窃电的产生。

第九章

进出线引起线损异常

1 私自改接妄省钱　数据分析露马脚

⚙ 查处经过

××年 3 月 10 日，国网××供电公司××供电中心成立反窃电小组，针对高损台区配 00××7 变压器台区进行专项治理。在进行用电信息采集系统数据分析时发现编号为 150××××××的客户自 2021 年 11 月 3 日起用电量突减，月均用电量低于之前一半。检查人员与台区经理咨询后得知，该客户不存在旅游、探亲、家庭人数减少等情况，此时正值冬季用电高峰，检查人员怀疑该客户有窃电嫌疑。

用电检查专责与供电所台区经理办理现场检查审批手续，携带行为记录仪、用电检查单、用电检查结果通知单以及钳形电流表对 15 号箱 04 表号为 150×××××××的客户开展现场检查，发现该箱封印被破坏，脉冲指示灯闪烁很慢。台区经理使用钳形电流表对相线进出线、中性线进出线电流进行测量，并使用现场视频记录仪对测量过程以及测量结果进行全程记录。测量得出相线进线电流值 3.12A，中性线出线电流 9.11A，通过巡显按钮看到其当前电流表显示电流值为 3.03A。初步判断出该电能表相线进出线前可能存在短路现象。仔细检查后发现相线进出线短接。

台区经理通知客户到达现场后向其表明我方来意和目的，再确认客户实际身份；然后向客户展示我们的初步检查数据，告知客户电流表电流值异常，指出短路点，并对现场接线情况进行拍照摄像取证。该客户短接相线进出线，使通过电能表的电流小于实际用电电流，属于典型的欠电流法窃电。

事实面前，客户承认在 2021 年 11 月，破坏相线进出线的绝缘层，将两者的铜线短接（见图 9-1），使流过电能表电流减少，达到分流目的。工作人员对客户下发用电检查结果通知单，告知其窃电行为成立，要求其签字并在规定的时间内到供电公司补缴电费并缴纳违约金。

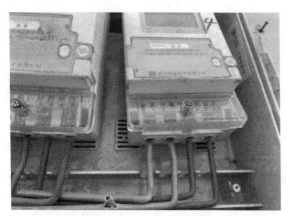

图 9-1　短路点拍照

通过与用电信息采集系统对比，确认该客户于××年 11 月 3 日起开始窃电，两方时间基本相符,确定该客户窃电时间为××年 11 月 3 日～××年 3 月 10 日，共计 126 天。

查处依据

此案例符合《供电营业规则》第一百零三条规定，属于窃电行为，窃电量按照第一百零五条计算。

事件处理

用户电能表额定容量 1.1kW，因此在追补电量时按照此额定容量电计算。

追补电量为 1.1×126＝138.6（kW·h）。

根据河南省现行阶梯电价执行规定应追补电量未超出一挡使用电量，故按一挡电价标准计算电费。

追补电费为 138.6×0.568＝78.729（元）。

三倍违约使用电费为 78.72×3＝236.17（元）。

合计为 78.72＋236.17＝314.89（元）。

暴露问题

（1）某户用电量减少，在系统上难以发现，应建立自动巡查系统模型，及时筛选推送用电量波动较大的用户。

（2）计量箱封印管理过于粗放，计量箱巡视不到位，现场巡视流于形式，给了用户窃电可乘之机。

防范措施

（1）建立模块化专业化的线损治理柔性团队，日线损、电采系统监督体制不能流于形式，应做到波动必查。

（2）计量箱加装铅封应装、尽装，做好登记。客观上杜绝用户私自更改计量装置的可能性。

（3）加强日常计量箱巡视，采用更为行之有效的措施预防措施。加强与公安机关的合作，同时强化反窃电方面的宣传，增加打击窃电的打击处罚力度。

2 相线中性线双并线　绕越电能表不计数

查处经过

××年7月，国网××供电公司××供电中心工作人员对配002×7变压器台区进行高损台区治理，通过用电信息采集系统对该台区所有计量表计开展远程数据筛查分析，利用用电信息采集系统"业务应用"模块重点对该台区所有客户的用电量进行逐一对比，使用用电信息采集系统"采集业务"模块对电能表"事件"信息进行召测提取，对电能表实际运行记录的电压、电流、相位、功率等数据进行逐一分析，初步判断该台区可能存在窃电现象。

随后一周安排现场工作人员对该台区低压线路进行巡视摸排，排除直接挂线窃电的可能性，巡视线路的同时确认零电量客户实际用电情况，缩小疑似窃电客户的筛查范围。排除私接线路窃电和零电量客户窃电以后，进一步缩小疑似窃电客户核查范围。

2022年8月1日，用电监察专责协同供电所台区经理办理完现场检查审批手续后携带现场视频记录仪、用电检查单、用电检查结果通知单以及检查所需的个人工器具对配002×7变压器台区的重点疑似客户开展现场用电检查，当检查到编号为1504××××××的计量箱时发现该箱封印被破坏。台区经理使用钳形电流表对表箱内电能表逐一测量，并使用现场视频记录仪对测量过程以及测量结果进行全程记录。在测量2号表时，测量相线进线测电流值5.19A，中性线电流8.04A，通过巡显按钮看到其当前电流表显示电流值为5.234A。初步判断出该电能表相线进出线前可能存在短路现象。工作人员仔细检查后发现2号表相线进线和相线出线存在一处绝缘包裹点，判断为短接后，采用绝缘胶布包裹，隐藏短路点。

台区经理通知客户到达现场后首先向客户亮明我方人员身份，再确认客户实际身份，向其表明我方的来意和目的，然后告知客户我们发现的现场疑点和初步检查数据，邀请客户陪同一起对表箱开展开箱检查，并对电能表实际运行环境、运行状况和运行数据进行测量记录。打开表箱前首先告知现场封印被破坏。打开表箱后使用钳形电流表测量 2 号电能表相线、中性线进出线电流，并通过电能表显示屏查询电能表显示的电流。告知客户电流值异常，工作人员仔细检查后发现 2 号表相线进线和相线出线存在一处绝缘包裹点，判断为短接后，采用绝缘胶布包裹以隐藏短路点。对现场接线情况进行拍照摄像取证之后，拆下绝缘胶布包裹点，发现相线进出线绝缘层被破坏，内部铜线短接，如图 9-2 所示。该客户短接相线进出线，使通过电能表的电流小于实际用电电流，属于典型的欠电流法窃电。

图 9-2 相线进出线绝缘层被破坏，内部铜线短接

事实面前，客户承认在 2021 年 1 月 1 日，破坏相线进出线的绝缘层，将两者的铜线短接，并采用绝缘胶布包裹，达到隐藏短路点的目的。工作人员对用户下发用电检查结果通知单，告知其窃电行为成立，要求其签字并在规定的时间内到供电公司补缴电费并缴纳违约金。

工作人员通过用电信息采集系统对比该户用电量信息，确认该户于 2022 年 1

月 1 日起,用电量明显减少,两方时间相符,确定该用户窃电时间为 2022 年 1 月 1 日~8 月 1 日,共计 210 天。

查处依据

此案例符合《供电营业规则》第一百零三条规定,属于窃电行为,窃电量按照第一百零五条计算。

事件处理

用户电能表额定容量 1.1kW,因此在追补电量时按此额定容量计算。

追补电量为 1.1×210＝231(kW·h)。

追补电费为 231×0.568＝131.21(元)。

三倍违约使用电费为 131.21×3＝393.63(元)。

合计为 131.21＋393.63＝524.84(元)。

暴露问题

(1)用电检查人员对用电信息采集系统的监控不足,未能及时发现电能表电量异常。

(2)计量箱封印管理过于粗放,现场巡视流于形式,客观上给了客户窃电可乘之机。

防范措施

(1)建立模块化、专业化的线损治理柔性团队,日线损、用电信息采集系统监督体制不能流于形式,应做到波动必查。

(2)计量箱加装铅封应装、尽装,做好登记,客观上杜绝客户私自更改计量装置的可能性。

(3)加强日常计量箱巡视,采用更为行之有效的预防措施。加强与公安机关的合作,同时强化反窃电方面的宣传,增加打击窃电的打击处罚力度。

3 扎带绑线别有"洞"天

查处经过

××年 3 月 8 日,××供电所接省电力公司营销部通知,根据省电力公司反窃电项目组下发的异常用电线索显示,辖区内 12×3 台区下客户冯×疑似存在异常用电行为，遂派工作人员协同营销部、计量中心领导专工前往现场进行核查。

在现场核查过程中发现，该客户电能表所在计量箱铅封缺失，随即打开表箱对线路、电能表进行外观检查，未见私接线路、U形环并线等现象。利用钳形电流表对每一个电能表的中性线、相线电流进行逐一测量，也未见异常，现场一度陷入僵局。正当大家怀疑省电力公司下发的线索是否有误时，营销部专工利用手机灯光检查某一电能表线路，觉察出些许异常。该电能表相线进出线绑扎带处绝缘皮隐约有黑色印记，在昏暗的灯光下显得极不明显，难以确定是否真正存在问题。工作人员随即将绑扎带剪开，发现相线进线及出线绝缘皮均存在孔洞，用户将两个孔洞相对，利用绑扎带一扎，外观与平常无异，然而形成实质上的相线进出线短接，若不是因接触点发热导致绝缘异常，实难察觉。现场电话通知客户，客户表示不在家，下午将前往供电所处理此事。

事后处理过程中，客户承认通过熟人将电能表线路进行改造，破坏相线进出线绝缘层，像表箱内其他线路一样，利用绑扎带进行绑扎，以达到掩人耳目的目的。

1283台区供电量较大，此客户用电量较小，整体线损不高，未引起台区经理重视。绝缘皮上的孔洞极其微小，并用绑扎带进行绑扎，难以发觉且事发当天客户不在家，用电负荷小，利用钳形电流表测线路电流也未见明显异常。

查处依据

此案例符合《供电营业规则》第一百零三条规定，属于窃电行为，窃电量按照第一百零五条计算。

事件处理

用户电能表额定容量2kW，因此在追补电量时按此额定容量电计算。

追补电量为$2×6×180=2160$（kW·h）。

追补电费为$2160×0.568=1226.88$（元）。

三倍违约使用电费为$1226.88×3=3680.64$（元）。

合计为$1226.88+3680.64=4907.52$（元）。

暴露问题

（1）计量箱封印管理存在明显漏洞，存在大量无封表箱，有封表箱形同虚设，非工作人员仅需一把钳子便可随意打开表箱，实施窃电。

（2）表箱现场巡视不到位，客户经理管理台区、客户众多，未能及时发现表箱中存在的问题。

🖐 **防范措施**

（1）加强计量箱封印管理，必要时可改变计量箱封印形式，使之更加牢固可靠，从根本上防范客户随意打开表箱，更改计量装置。

（2）建立线损管理机制，制订积极的线损管理政策，增强客户经理查窃降损积极性；强化客户经理主体责任意识，加强日常台区线损监控及计量装置巡视。

4　手法高明　奈何"聪明"反被"聪明"误

⚙ **查处经过**

××年 6 月，国网××省电力公司省级反窃电直查组在国网××供电公司开展反窃电省级直查行动。××年 6 月 29 日，第一行动组根据大数据分析得出的线索，对西区供电中心 WP01×3 台区林××面馆进行现场核查。

现场检查中发现该客户电能表所在表箱封印完好，开箱后找到对应电能表。现场对电能表相线进线电流进行测量显示为 12.7A，表显相线电流 3.797A，误差为−70.1%。观察发现电能表封印均完好，不存在开盖痕迹，电能表表尾完好，接线紧固无虚接。用掌机对电能表召测分析，并无开盖记录。电能表表尾处无明显短接，也未发现"共零"情况。检查人员延进线接线向上级电源检查，当解开表箱内捆扎成束的电线后，发现两根白色绝缘轧带格外扎眼，如图 9-3 所示，而且轧带粗细与表箱其他位置所用轧带不一致，引起检查人员注意。经过小心查看，发现扎带下电线绝缘皮破开，相线进、出线内部铜线并接在一起，以达到分流窃电的目的。使用轧带是为了增加接触面积，以达到更大分流效果。但是为了稳固，所使用的轧带太粗且使用两根轧带固定，正好引起了检查人员注意，暴露了短接位置。台区经理通知客户到达现场后，客户承认了窃电行为并在违约用电通知书上签字。

事后处理中，台区经理表示××年 4 月对台区表箱进行过巡视，当时表箱封印完好，巡视时未注意封印是否为上次施封封印。该客户短接点在线束中，隐蔽性高，当时并未注意到。直查时表箱上的封印与巡视时施封封号一致，可确定客户改动时间在 4 月份巡视之前且极有可能购买类似表箱封印还原伪装，但因证据不足，无法确定具体时间。

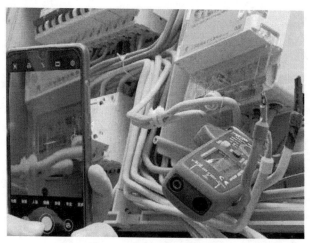

图 9-3 两根白色绝缘扎带

查处依据

根据《供电营业规则》此案例窃电时间和电量均没有依据证明确定，应按照电能表标定电流值 5A 进行电量计算，但根据现场测定，该客户实际负荷电流远高于电能表标定电流，所以以实际测量电流 12.7A 计算电量。窃电日数至少以一百八十天计算。该客户属于商业用户，每日窃电时间按 12h 计算。

事件处理

根据《国家发展改革委关于进一步深化燃煤发电上网电价市场化改革的通知》《省发展改革委关于转发〈国家发展改革委关于进一步深化燃煤发电上网电价市场化改革的通知〉的通知》《省发展改革委关于转发〈国家发展改革委办公厅关于组织开展电网企业代购电工作有关事项的通知〉的通知》，此户追补电量对应时间及对应电价见表 9-1。

表 9-1 电费追补表

追补时间	追补天数（天）	实时电价（元）	追补电量（kW·h）	追补电费（元）
1.01～1.31	31	0.711179	1039	739.18
2.01～2.28	28	0.708619	939	665.24
3.01～3.31	31	0.701349	1039	728.96
4.01～4.30	30	0.705449	1006	709.57
5.01～5.31	31	0.695499	1039	722.88
6.01～6.29	29	0.701419	972	682.00
合计	180	—	6035	4247.82

追补电量为 12.7×220÷1000×12×180＝6035（kW·h）。

追补电费为 739.18＋665.24＋728.96＋709.57＋722.88＋682＝4247.82（元）。

三倍违约使用电费为 4247.82×3＝12743.46（元）。

合计追缴为 4247.82＋12743.46＝16991.28（元）。

暴露问题

（1）对表箱进行巡视时，未仔细核对封、锁情况，对表箱内计量设备和导线巡视不仔细。

（2）台区线损管控不足，未能及时发现异常用电现象。

防范措施

（1）对表箱进行巡视时，要着重检查封、锁情况，及时发现异常。现场工作应带线手套或低压绝缘手套，使用绝缘工具，可避免遇到该案问题是，出现意外触电。

（2）要加强台区线损监控力度，台区线损率异常波动或提高时，要对台区下客户用电情况进行分析，及时发现异常用电行为。

5　私拉线路为充电　邻居举报显真相

查处经过

××年 5 月 20 日，××供电所台区经理黄×接到×小区居民用户李×的电话，称其邻居梁×从电能表箱私自接线为电动自行车充电，李×担心在走廊接线充电有火灾隐患，于是打电话给供电公司进行举报，希望供电公司出面进行制止。李×还提供了梁×擅自接线充电的照片。台区经理黄×询问过具体地址后，于 5 月 20 日下午单独一人来到×小区梁×电能表处，当时梁×电动自行车未进行充电，其表计所在 3 号电能表箱铅封缺失，有两根红色电线从电源侧开关下口引出至一个排插，未经梁×电能表，属于绕越电能表窃电。拍照取证后，告知梁×私自接线窃电是违法行为，并且有可能损坏计量设备，甚至会烧毁表计引发火灾事故。由于窃电量小、时间短，工作人员未对梁×进行处罚，仅做了口头警告，恢复正常线路，重新对计量箱做好铅封后便离开了现场。

回到供电所后，台区经理黄×做好记录，通过用电信息采集系统查看客户梁×用电数据，却发现其日用电量低于 2kW·h。黄×把客户梁×近 1 月的电量全部导出对比电量增减变化情况，无明显波动；然而，查看电流情况，发现中性线和相线电流存在较大差异，当时查看到崔×的电能表中性线有 0.6~1.5A 不等的电流，但是相线电流为 0.1A 左右，再看此表从××年 6 月 9 日起，日用电量开始突降，近一年的电量居然不足 500kW·h。台区经理黄×打电话询问举报人李×，得知梁×今年不存在长期不在家的情况。黄×怀疑除了私自绕越电能表接线给电动车充电外，还有存在其他窃电嫌疑。

黄×立即联系用电检查人员，二人办理现场检查所必需的审批手续后，携带现场行为记录仪、万用表、钳形电流表、证物袋、《用电检查单》《用电检查结果通知单》以及检查所需的个人工器具，驱车来到现场梁×户表处开展现场用电检查。到达现场后工作人员严格按照现场作业安全规范要求，做好必要的人身防护和安全措施。黄×首先对电能表进行外观检查：①封印检查：电能表耳封及尾封、接线盒封印等均无破坏迹象，表计封印是与供电企业封印相符；②外壳检查：电能表外壳未发生机械性破坏，表壳无钻孔现象；③接线端子检查：电能表接线端子无松动、错接，相线进、出线处有一处用绝缘胶布包裹，初步怀疑是短接点。外观检查后台区经理黄×对表计电流进行数据测量：按巡显按钮调出电能表当前电

流读数，同时使用伏安相位表进行电流数据测量，电能表显示电流 0.08A，相线电流 0.09A，中性线电流 1.21A。相线电流与电能表显示电流基本一致且明显小于中性线电流。结合之前的绝缘胶布包裹处（见图 9-4），初步判断为短接相线进出线进行窃电。

图 9-4　绝缘胶布包裹处

对现场进行拍照取证后，台区经理黄×联系用户梁×到现场，同时邀请物业管理人员见证。客户到达现场后，黄×告知客户我们发现的绝缘胶布包裹点和初步检查数据，然后一起对表箱开展开箱检查，并使用行为记录仪进行记录。打开表箱前首先告知计量箱铅封失去，打开表箱后，使用钳形电能表测量线电流 0.09A，中性线电流 1.21A，电能表显示电流 0.08A。然后告知梁×电能表相线进出线有一处绝缘胶布包裹点，在大家的见证下将绝缘胶布拆开，发现相线进出线的绝缘外皮被剥开，并将二者用一段铜丝缠绕短接，属于分流窃电法。

工作人员立刻拍照固定证据，台区经理随即对客户下达《用电检查结果通知单》，告知窃电事实清楚，确认签字并在规定时间内到营业厅补缴电费及违约使用电费。完成现场检查后，工作人员通知供电所内勤人员及时在营销系统发起窃电处理流程，并录入相关资料、证据等。

事后调查得知，用户梁×是一家工厂的退休电工，大约在一年前对电能表接线进行了改动窃电，破坏相线进出线的绝缘层，将两者的铜线短接，并采用绝缘胶布包裹，达到隐藏短路点的目的。根据客户口述事情发生的时间，并同时比对用电信息采集系统，确认该客户于 2021 年 6 月 9 日起开始电量明显减少，两方时间相符，确认该用户实际窃电时间为××年 6 月 9 日~××年5 月 20 日，共计 345 天。最终该客户梁×承认了自己的窃电事实并同意接受处理。

查处依据

此案例符合《供电营业规则》第一百零三条规定，属于窃电行为，窃电量按照第一百零五条计算。

事件处理

崔×电能表额定容量 1.1kW。每日用电时间照明用户按 6h 计算，共计 345 天。

经查询营销系统，该用户实际使用电量未超过阶梯第一挡，故追补电费时电价按照第一挡计算。

追补电量为 $1.1 \times 6 \times 45 = 2277$（kW·h）。

追补电费为 $2277 \times 0.56 = 1275.12$（元）。

三倍违约使用电费为 $1275.12 \times 3 = 3825.36$（元）。

合计追缴为 $1275.12 + 3825.36 = 5100.489$（元）。

暴露问题

（1）用电信息采集系统监控不到位，用户梁×连续近一年电能表中性线、相线电流不平衡且日用电量基本为零，用电检查人员却未能及时发现。

（2）现场检查不规范，台区经理黄×接到工单后，独自一人前往现场进行检查，未开具《用电检查通知单》、未履行相关的审批手续。

（3）检查内容不到位，台区经理黄×到现场后，在计量箱铅封已被破坏，梁×确有窃电事实的前提下，未对电能表计量装置进行测量检查，属于检查不到位。

防范措施

（1）加强用电信息采集系统监控，做到日日查，如有异常及时处理。

（2）积极开展反窃电宣传，抓到一起从严治理，从源头及时遏制窃电产生。

（3）加强台区经理的反窃知识培训，规范计量装置异常的现场检查流程。

6 警企配合 让私改者追悔莫及

查处经过

深入贯彻习近平总书记关于依法治国及能源安全相关指示精神，按照《国家电网有限公司打击整治盗窃电力行为专项行动工作方案》的工作部署和要求，落实××年公司营销工作部署，加大反窃电工作力度，公司决定开展打击整治盗窃电力犯罪专项行动，更好地维护供用电秩序。严厉打击盗窃电力违法犯罪行为，坚持系统治理、依法治理、协同治理、源头治理，构建紧密协作、齐抓共管、配合有力的警企联动工作新局面。着力维护公平良好的供用电秩序，切实维护国有资产保值增值。查处一批窃电积案难案，严惩一批窃电犯罪分子，摧毁一批互联网制售窃电器材、协助他人窃电的团伙，斩断窃电犯罪传播渠道，源头遏制局部地区盗窃电力犯罪多发趋势；促进全社会用电秩序、用电环境明显好转。

（一）打击重点

（1）有流窜窃电、团伙窃电犯罪嫌疑的。

（2）疑似出售窃电设备的相关电子器材销售市场、网站。

（3）水泥、化工、钢铁等高耗能企业。

（4）网吧、娱乐等商业性用电场所。

（5）电量、负荷与生产经营情况有较大差异的用电企业，以及其他具有季节性和行业性的窃电高疑似性用电用户。

（6）窃电成风、群体窃电等疑难地区。

（7）涉电金额较大的历史积案难案。

（二）制订具体工作措施

全面开展一次窃电隐患现场排查，根据属地高发窃电行业及典型窃电手段，明确针对性监测排查措施，组织开展全量摸排，对发现的窃电线索做到应查尽查、一查到底。加强跨专业巡查协作，发动用电检查、计量、采集、线损、配电等专业在日常巡视过程中搜集窃电线索，实现线索应录尽录。面向社会设立窃电举报电话、举报邮箱，畅通12398、95598、网上国网以及新闻媒体等渠道广泛收集外部窃电线索。

深化大数据分析，聚焦专项行动打击重点，发挥采集系统中电量、事件、状态量等多元数据，结合重点用户用能特征，针对性地建立健全窃电数据诊断。针对水泥、化工、钢铁等高耗能企业，重点做好高压线损联动分析与历史用电量趋势比对；针对网吧、娱乐等商业性场所，重点开展尖峰时段用电量分析及开盖、开端钮盒盖等告警事件监测；针对窃电成风、群体窃电等疑难地区，要协同高损台区治理工作，重点监测用户零相线电流差、电压变化等情况；针对季节性窃电高发行业，重点做好线损波动与用电量变化关联分析，结合实际生产情况研判电流电量数据合理性。加强电能表开盖、失压、失流等重要事件的采集上报，特别是要面向重点监测用户制定差异化采集策略，实现高压用户 15min 级电能示值及负荷曲线数据采集，低压用户（HPLC 和双模覆盖）努力实现小时级电压电流数据采集，重点监测用户拓展小时级零相线电流数据采集。

根据本次专项行动部署排查阶段的具体安排，充分应用用电信息采集系统及反窃电监控平台，对重点客户加强采集数据监控，线上研判定位疑似窃电用户；系统梳理既往检查中发现的可疑信息、隐蔽线索，并逐一开展核查评估，为精确打击做好准备。

通过系统的条件筛查研判，结果显示某洗浴中心存在较大窃电嫌疑。随即通知相关客户经理针对该客户开展信息收集归拢，分析用电和缴费信息，利用用电信息采集系统查询召测电能表电压、电流、功率、电量、示值等用电信息，人工查询各种数据，并未发现明显差错漏洞，需要开展现场检查。针对该客户开展现场用电检查前，联合用电检查人员、供电所客户经理、计量中心外勤班，制定具体详细的现场检查方案、安全防范措施和应急处置措施。

开展现场用电检查工作之前，首先利用营销系统再次核实确认用电客户基础信息，确认客户电能表信息、互感器信息、近几个月的用电量情况、缴费情况、用电性质、上一次计量装置更换或检查后现场施封登记记录等信息，便于现场检查的时候核对；然后，对现场工作人员的现场职责以及具体工作分工进行明确说明，现场安全措施布置、现场数据测量记录、现场检查结果取证固证、现场与用电客户工作人员的沟通解释等，具体工作明确到每个现场用电检查工作的参与人员；整理检查现场使用的仪器设备和工器具，保证变比测试仪、相位表、电能表现场校验仪、行为记录仪等仪器设备电量充足使用可靠，操作杆、安全带等安全工器具试验合格功能齐全，安全帽、工具等数量充足配备齐全，检查所必需的各种手续办理完整齐备。

到达现场开始实施现场检查之前，通过用电信息采集系统"采集业务"模块远程召测功能召测电能表实时电压、电流、功率等数据，确保开展用电检查的时机合适，为避免客户阻挠检查或不配合检查，到达现场后迅速布置现场安措开始外观检查和低压线路负荷情况的初步测量计算工作。

1）观察现场电能表箱外观无破损，箱门封印完好，未发现明显故障或外力损毁的痕迹。

2）互感器箱严重老化破损，箱门有封印，但是箱门无法起到封闭箱体的作用，并且无法明确判断损毁时间和损毁原因。

3）检查核对计量装置箱门封印与装表工单登记的封印是否相符。

4）通过测量变压器低压出线电流，大致判定现场实际在运负荷功率，同时用电信息采集系统远程召测电能表记录的二次电流、电压、功率、相位角的数据，粗略计算对应的一次负荷，大致判断电能表记录二次电流、二次功率数据与现场实测的一次数据存在较大出入。

5）使用现场行为记录仪对现场检查过程进行全程视频记录，对测量的低压一次电流值进行拍照取证。

经过检查初步判断现场确实存在计量异常的问题，需要对电能表、互感器、计量二次回路进行校验检查，甚至是停电作进一步检验检查的，需要通知用电客户相关负责人到场配合，然后再打开计量箱开展进一步检查工作。

通过供电所联系客户联系人，通知客户到达现场后首先向客户亮明我方人员身份，再确认客户实际身份，向其表明我方的来意和目的；然后告知客户我们发现的现场疑点和初步检查数据，要求客户在场一起配合实施进一步检查，并对电能表实际运行环境、运行状况和运行数据进行测量记录。

打开电能表箱后检查确认电能表接线正确未见明显异常，使用相位伏安表测量相位角确认电能表表尾电压电流接线无误，使用电能表现场校验仪检查电能表确认电能表运行正常，电能表计量误差值在规定允许误差范围内，使用电流互感器变比现场测试仪核对变比与该客户档案变比不符，营销系统档案记录该客户计量装置配备的低压电流互感器为300/5，现场使用电流互感器变比现场测试仪实际测量一、二次电流计算三只电流互感器的实际计算倍率分别为152、163、168倍。判断现场实际运行互感器或电流二次回路存在短接情况。此时基本可以判定该客户存在重大窃电嫌疑，需要对现场实施停电，对现场安装的互感器以及二次回路进行检测检查。

经过进一步检查测量确认计量二次回路正常，拆下电流互感器，使用电流互感器现场校验仪器检查互感器，结果显示实测倍率与互感器标定倍率不符，通过外观检查并未发现互感器存在炸裂、二次绕组被短接等影响互感器精准度的情况。在此情况下客户也拒不承认自己有窃电的行为。现场检查人员经过简单沟通交流，一致判断现场安装的电流互感器应该存在重大问题，有必要现场破拆电流互感器进行彻底细致的检查。随后现场检查人员拨打110报警电话，由警察作为第三方见证检查过程。在等待警察的过程中，供电所客户服务人员不断地跟客户方人员讲解涉电的法律法规，告知安全用电的重要性，努力打消客户的侥幸心态。待警察到达现场以后，供电方检查人员对拆下的电流互感器重新进行更为细致的检查，最终在电流互感器的底面上发现一处很小且极不显眼的凹坑与周围颜色材质存在些许差异，从此处进行破拆，发现凹坑下面有两个人为钻洞分别通向电流互感器 S1、S2 接线柱处且在钻洞内藏有导线连接 S1、S2 接线柱，破拆另外两只电流互感器也是如此。

面对事实，客户负责人同意对少交的电费进行补交，对于窃电行为不予承认，并依旧坚持不是其所为。供电所服务人员填写《用电检查结果通知单》之后由客服负责人签字之后，经汇报单位负责人并经批准之后，现场对该户采取中止供电，并将该起窃电事件移交现场警察，由公安机关依照相关法律法规进行后续处理。

查处依据

此案例符合《供电营业规则》第一百零三条规定，属于窃电行为，窃电量按照第一百零五条计算。

事件处理

窃电量计算：依据现场测量的低压线路一次电流与电能表表尾处的二次电流，计算三相电流互感器实际计量倍率分别为 152、163、168 倍。营销系统内登记的电流互感器倍率为 60 倍。由此计算窃电期间计量差错更正系数 K

$$K=3UI\cos\varphi/\left[(60/152)UI\cos\varphi+(60/163)UI\cos\varphi+(60/168)UI\cos\varphi\right]$$
$$=3/(60/152+60/163+60/168)\approx2.6786$$

由于实际窃电开始时间无法查明，按照《供电营业规则》第一百零五条规定。通过向省电力公司用电信息采集系统项目组提交调取数据的申请，由项目组从用电信息采集系统数据库调取该客户最近半年的日冻结数据，结合现场检查时抄读的电能表示数，以及通过查询营销业务系统获取近半年来的月用电量和各月电费到户均价（见表 9-2），按各月实际电价分别计算不同月份应追补电量电费。

表 9-2　　　　　　　　　3～9 月抄见电量及均价表

时间	各月抄见电量（kW·h）	到户均价（元）
3 月	2067	0.7465
4 月	3569	0.7171
5 月	4428	0.7141
6 月	5072	0.7157
7 月	4672	0.7223
8 月	3582	0.7117
9 月	980	0.7117

注　表中 3 月电量＝（查处日期向前推 180 天电能表日冻结示数－当月底最后一天 24 时电能表示值）×60，9 月电量＝（查处当时电能表示数－月初零点电能表示数）×60，其余各月均为营销业务系统当月抄见电量。

3 月应追补电费为 2067×（2.6786－1）×0.7465＝2590.11（元）。

4 月应追补电费为 3569×（2.6786－1）×0.7171＝4296.09（元）。

5 月应追补电费为 4428×（2.6786－1）×0.7141＝5307.79（元）。

6 月应追补电费为 5072×（2.6786－1）×0.7157＝6093.37（元）。

7 月应追补电费为 4672×（2.6786－1）×0.7223＝5664.58（元）。

8 月应追补电费为 3582×（2.6786－1）×0.7117＝4279.27（元）。

9 月应追补电费为 980×（2.6786－1）×0.7117＝1170.77（元）。

合计追补电费为

2590.11＋4296.09＋5307.79＋6093.37＋5664.58＋4279.27＋1170.77＝29401.98（元）。

结果：根据《供电营业规则》第一百零五条的规定需对该客户追补三倍违约使用电费。

违约使用电费为 29401.98×3＝88205.94（元）。

应收取补交电费以及违约使用电费合计总金额为 29401.98＋88205.94＝117607.92（元）。

暴露问题

（1）基层单位日常工作过于繁重，用电检查工作职能被弱化甚至被忽视，对辖区内用电客户的用电需求缺少主动关注，不了解用电客户的实际用电情况。

（2）用电客户计量巡视工作流于形式，现场巡视周期过长，无法及时发现现场计量设备的变化。

（3）高压专用变压器客户计量箱"设备主人管理制度"不健全，没有明确管理巡视主体单位，造成小问题无人管、大问题牵连全体受罚的现象。

（4）基层单位具备专业用电检查知识技能的人员力量严重缺乏，用电检查的仪器设备配备不足，对现有检查设备的功能和用途缺乏学习了解。

（5）对发现问题的过程，过于依赖专业支撑部门，遇到中压线损波动情况，一味等待专业支撑部门的分析结果，缺少发现问题、解决问题的主观能动性。

防范措施

管理措施：

（1）加强现场计量装置巡视巡查管控力度。

（2）严格落实各类计量表计现场核抄的工作要求。

（3）明确各类计量装置的管理管辖责任与要求。

（4）加强反窃电的宣传与打击力度。

技术措施：

（1）加强电能表箱封印管理，使用不易被伪造、开启的新型防盗封印。

（2）加强用电检查专业的知识培训，提升基层一线人员的专业水平。

（3）增加现有技术手段针对异常问题的筛查频次，及时发现问题、处理问题。

（4）配备充足的现场取证固证设备，提升电量计算的准确度，为窃电处理提供更全面的支撑。

章节总结

短接相线进、出线窃电，会使大部分电流从短路点流过，流过电能表的电流减少，达到少计量电量的目的，这种窃电方法属于欠电流法窃电。根据《供电营业规则》，属于故意使供电企业用电计量装置不准或者失效。

对于此类窃电，用电检查人员应熟练掌握辖区内客户用电负荷变化规律，充分利用电能量采集系统或负荷管理系统对客户用电负荷进行实时监控。特别是对于当前用电负荷违背其实际变化规律，较上月或前几个月某段时间（可具体选择对比时间段）运行负荷大幅度减少的，应列为重点监控和检查对象。若通过采集系统查到中性线电流相线电流不平衡的情况，需要工作人员到现场核实清楚。

同时在这次事件中我们也看出单户窃电对台区线损率影响不大，线损管理人员不会及时发现窃电迹象，因此各台区经理要对自己管辖台区的客户、线损做到心中有数，及时捕捉到窃电信息。

窃电者使用这种方法进行窃电时，工作人员在巡视时难以发现。工作人员在进行用电检查时要查看记录电能表显示电流，然后分别测量相线和中性线电流以及电源开关侧电流。若相线电流明显小于中性线电流，相线电流与电能表显示电流基本一致，电源开关侧电流与中性线电流基本一致，则可初步判断分流点在电源开关侧与进线端子之间。确定了大致位置后，再查找短路点。

对于此类窃电，要加强装表接电的规范化管理，规范电能表安装接线。加强表箱封印管理，必要时可改变表箱封印形式，使之更加牢固可靠，从根本上防范用户随意打开表箱，更改计量装置。对表箱进行巡视时，要着重检查封、锁情况，及时发现异常。现场工作应带线手套或低压绝缘手套，使用绝缘工具，可避免遇到该案问题时出现意外触电。

第十章

表尾接线引起线损异常

1 短接？——断！截！

🔧 查处经过

×× 年 5 月 9 日，国网 ×× 供电公司 ×× 供电中心蔡 ××，在对其辖区进行日常巡视时发现 ×× 台区第 17 号表箱外观异常，铅封丢失，迅速通知客户经理赶至现场，并同时请求后台同事帮助查询相关信息。通过营销系统查询，该台区近期未存在客户新增、计量点变更、电能表更换、客户销户等工单，台区用电计量点无增加或减少情况；通过用电信息采集系统查询，不存在跨越台区调整计量点等情况，电能表自动采集成功率始终为 100%，不存在手动调整电量的情况；沟通咨询供电服务指挥中心了解近期该台区未接到线路设备报修工单，也不存在因相邻台区或低压线路设备故障临时挂接相邻台区计量点的情况，由此初步判断

图 10-1　表尾加装 U 形环

该表箱可能遭到故意破坏，存在窃电可能性；同时比对近期该台区线损率，发现有增高趋势，待客户经理到达现场后，进行现场检查，安排人员对该台区低压线路进行巡视，排除直接挂线窃电的可能性，于是高度怀疑问题出在第 17 号表箱内用户，通过比对该表箱内部客户近期用电情况，查出客户闪 ×× 电量突减，为疑似客户，让客户经理通知客户。待三方到场后，开箱检查电能表，发现闪 ×× 电能表有明显擦拭痕迹；进一步检查，发现其表尾加装 U 形环，如图 10-1 所示，使用钳形电能表测量其电流值为 5A，电能表计量为 0A，属于典型绕越计量装置窃电。在事实面前，用户承认使用 U 形环，绕越计量装置窃电。

事后，经过询问用户，用户承认在 ×× 年初，通过熟人介绍精通电工知识的

梁××，私自破坏计量箱铅封，通过表尾加装 U 形环，绕越计量装置使其达到窃电的目的；同时比对用电信息采集系统，确认该户于××年 3 月 19 日起，电量明显减少，两方时间相符，确定该用户窃电时间为××年 3 月 19 日～××年 5 月 9 日，共计 52 天。

处理完现场缺陷后，通过用电信息采集系统再次进行线损统计，该台区线损率正常。线损统计图如图 10-2 所示。

图 10-2　线损统计图

查处依据

此案例符合《供电营业规则》第一百零三条规定，属于窃电行为，窃电量按照第一百零五条计费。

事件处理

因该用户电量未过阶梯第一挡，故追补电费时电价按第一挡计算

追补电量为 5×0.22×6×52＝343（kW·h）。

追补电费为 343×0.568＝194.83（元）。

三倍违约使用电费为 194.83×3＝584.49（元）。

合计追缴为 194.83＋584.49＝779.32（元）。

暴露问题

（1）日常巡视频次过低或巡视流于形式，未能及时发现设备老化引起的电量缺失。

（2）日线损统计情况波动反应不及时，窃电行为未能及时发现并予以制止，造成电量缺失。

🔧 **防范措施**

（1）日常巡视要保质保量，精准到位。

（2）加强日线损监测，不能让日线损监督体制流于形式，应做到波动必查。

2 偷梁换柱加铜线　邻居集体改电能表

⚙ **查处经过**

东区供电中心×××村为一个城中村，台区线损居高不下。××年7月，检查人员携带行为记录仪、用电检查单、用电检查结果通知单以及钳形电流表等测量仪器与××区刑警队联合进行用电检查，在检查1号变压器1号配电箱8排1号箱时，发现该表箱内电能表表体铅封大多被破坏。使用钳形电流表对表箱内电能表中性线、相线电流逐一测量，发现其中3、4号电能表测量电流很大，电能表显示电流却很小。表箱内共安装了9块电能表，当时，有个别用户没有用电，无法使用现场校验仪校验表计误差。

台区经理通知客户到达现场确认客户实际身份，向其表明我方的来意和目的，向客户展示我们的检查数据，告知客户电能表电流值异常，并对现场测量情况进行拍照取证。公安人员在现场的情况下，把电能表全部拆回室内校验，结果有6块电能表误差都在−30%以上，有的误差达到了−90%以上，打开这些电能表发现内部相线进出桩头都缠绕了短接线分流，致使电能表变慢，如图10-3、图10-4所示。

图10-3　相线进出线桩头缠绕了短接线（一）　　图10-4　相线进出线桩头缠绕了短接线（二）

经过调查，这些窃电户承认：街上有流动收费改装电能表的，他们交一定的费用后，就把电能表给改慢了。工作人员对用户下发用电检查结果通知单，告知其窃电行为成立，要求其签字并在规定的时间内到供电公司补缴电费并缴纳违约金。

目前，公安机关已将改装电能表的人抓获。此案例可以看出，窃电行为具有传染性，辐射影响大，窃电由过去的个人行为发展到现在单位、集体行为，甚至发展到了职业化、区域化窃电。城区内村庄最具代表性，他们在"走亲访友"时谈论最多的话题就是如何窃电，并且相互传授窃电的方法和经验，购买或自制窃电工器具，甚至有些以窃电为职业牟取利益，给社会和电力企业造成了巨大的损失和影响。

查处依据

此案例符合《供电营业规则》第一百零三条第三款和第五款，属于窃电行为，窃电量按照第一百零五条计算。

事件处理

因窃电时间无法查明时，每日窃电时间按 6h 计算。客户电能表额定容量 1.1kW，所窃电量按电能表标定电流值所指的容量乘以实际窃用的时间计算确定。

追补电量为 1.1×180＝198（kW·h）。

根据河南省现行阶梯电价执行规定应追补电量未超出一挡使用电量，故按一挡电价标准计算电费。

追补电费为 198×0.568＝112.464（元）。

三倍违约使用电费为 112.464×3＝337.392（元）。

合计为 112.464＋337.392＝449.856（元），共 6 户用户，共合计 2699 元。

暴露问题

（1）高损台区管理不到位，对于长期高损台区应重点检测、及时处理。

（2）计量箱巡视不到位，现场巡视流于形式，给了客户窃电可乘之机。

（3）反窃电宣传不到位，居民意识不到窃电也是违法，法律意识淡薄。

防范措施

（1）在检查窃电前，应对被查客户的生产经营状况，负荷及用电量，电工素质等做到心中有数，如遇到用电量突降，则应仔细检查核对其电量变化，决不放过任何蛛丝马迹。对可疑用户进行检查时，必须尽快到达电能计量装置安装处，突击检查，防止其破坏窃电现场。

（2）检查时必须认真检查核对计量装置的封印是否完好，计量设备接线是否正确，运行状况是否与实际相符，有无过热、接触不良等，要特别注意细节的检查。

3 数据分析显异常　现场检查露"真凶"

⚙ 查处经过

××年1月13日，国网××供电公司东区供电中心××供电所郁××，在对其辖区进行线损统计分析时发现××台区线损率异常，1月1～7日，周线损率高达17.91%，如图10-5所示，通过电力营销业务应用系统（简称营销系统）查询，该台区近期未存在客户新增、计量点变更、电能表更换、客户销户等工单，台区用电计量点无增加或减少情况；通过用电信息采集系统查询，不存在跨越台区调整计量点等情况，电能表自动采集成功率始终为100%，不存在手动调整电量的情况；沟通咨询供电服务指挥中心了解近期该台区未接到线路设备报修工单，也不存在因相邻台区或低压线路设备故障临时挂接相邻台区计量点的情况，由此初步判断该台区存在疑似窃电用户。

图10-5 线损率图

工作人员利用营销系统及用电信息采集系统查询该台区下辖198位用户往月及去年同期户日均电量值，确定电量波动较大的疑似客户刘××，利用营销系统查询客户用电报装容量信息、往月电量电费信息、计量装置配置信息、计量装置安装现场施封信息、电源信息、用电性质以及电价等信息，通过报装容量和往月电量电费以及执行电价信息对照，初步判断客户窃电的可能性和大概率可能使用的方式方法，为现场提供基础的客户资料信息。随即通知台区经理办理现场检查所必需的审批手续，携带现场视频记录仪、万用表、钳形电流表、证物袋、用电检查单、用电检查结果通知单以及检查所需的个人工器具对该台区的重点疑似客户开展现场用电检查。

到达现场后工作人员严格按照现场作业安全规范要求，做好必要的人身防护和安全措施，经台区经理现场检查后，发现刘××所在计量箱未加载铅封，电能表表尾接线异常，加载有疑似 U 形环装置，如图 10-6 所示，使用钳形电能表测量实际电流为 10.75A，电能表计量电流为 3.99A，属于典型绕越计量装置窃电，如图 10-7 所示。

图 10-6 表尾线疑似增加 U 形环

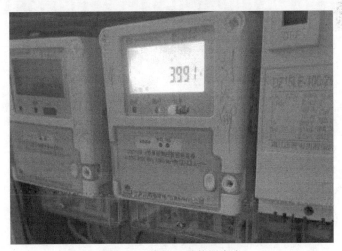

图 10-7 绕越计量装置窃电

发现窃电异常后，台区经理及时通知客户到达现场，首先主动出示工作证件亮明身份，再确认客户实际身份，并向其表明我方的来意和目的；然后告知客户发现的现场疑点和初步检查数据，要求客户在场一起对表箱开展开箱检查，并对电能表实际运行环境、运行状况和运行数据进行测量记录。在事实面前，用户承认使用 U 形环，绕越计量装置窃电。

事后，经过询问用户，用户承认在 2023 年初，通过熟人介绍精通电工知识的孙××，私自破坏计量箱铅封，通过表尾加载 U 形环，绕越计量装置使其达到窃电的目的，同时比对用电信息采集系统，确认该户于××年 1 月 2 日起，电量明显减少，两方时间相符，确定该用户窃电时间为××年 1 月 2～13 日，共计 12 天。

台区经理随即对用户下达用电检查结果通知单，告知窃电事实清楚，确认签字并在规定时间内到营业厅补缴电费及违约使用电费。完成现场检查后，工作人员通知供电所内勤人员及时在营销系统发起窃电处理流程，并录入相关资料、证据等。

处理完现场缺陷后，通过用电信息采集系统再次进行线损统计，该台区线损率正常。线损统计图如图 10-8 所示。

图 10-8　线损统计图

查处依据

此案例符合《供电营业规则》第一百零三条规定，属于窃电行为，窃电量按照第一百零五条计算。

事件处理

因该用户电量未过阶梯第一挡，故追补电费时电价按第一挡计算。

追补电量为 $5 \times 0.22 \times 6 \times 12 = 79.2$（kW·h）。

追补电费为 $79.2 \times 0.568 = 44.99$（元）。

三倍违约使用电费为 44.99×3＝134.97（元）。

合计追缴为 44.99＋134.97＝179.96（元）。

暴露问题

（1）日常巡视频次过低或巡视流于形式，未能及时发现设备老化引起的电量缺失。

（2）日线损统计情况波动反应不及时，窃电行为未能及时发现并予以制止，造成电量缺失。

（3）对计量表箱管理不合格，计量巡视流于表面，现场巡视周期过长，未能及时发现计量表箱破损。

（4）用电检查缺乏主动性，总是出现问题再去解决问题。

（5）供电所基层人员缺乏相应的专业知识，缺少处理相应问题的专业能力，不能做到及时发现问题、解决问题，只能一味求助于上级部门专业人员进行处理。

防范措施

（1）日常巡视要保质保量、精准到位。

（2）加强日线损监测，不能让日线损监督体制流于形式，应做到波动必查。

（3）加强现场计量装置巡视巡察管控力度，加强计量表箱铅封管理，研究新型防盗铅封，使表箱更牢固、更安全。

（4）加强小区或村庄日常监督检查力度，明确责任到人。

（5）积极开展反窃电宣传，从源头及时遏制窃电产生。

4　巧改抓现行　违章罚款难逃天

查处经过

××年 3 月 7 日，国网×供电公司×供电中心×供电所台区经理郭×，在豫电助手上发现配 005×0 变台区日线损有明显波动，于是通过用电信息采集系统对台区内所有客户进行实时召测，发现 3080×××××客户中性线和相线电流不平衡，携带专业反窃电设备前往现场查询是否有窃电情况。通过现场核查后发现其进出线口异常，加载有 U 形导线，使用钳形电流表测量其进线电流为 2.1A，电能表计量电流为 0.01A，属于典型的 U 形环短接窃电。

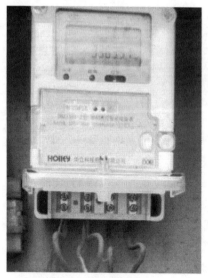

图 10-9 窃电现场照片

检查人员及时通知供电所联系用户，三方到场后，当面取下电能表，并指出其异常，在事实面前，用户承认使用 U 形环短接方式窃电。

事后，经过询问客户，客户承认在××年初，经过朋友介绍，有人为其用于物业照明的电能表加载了 U 形环，帮助其实施窃电行为，工作人员随即进行取证，给客户下达了"违约用电、窃电通知书"，客户表示愿意接受处理。图 10-9 为窃电现场照片。

比对用电信息采集系统，确认该客户于××年 1 月 16 日起，电量明显减少，两方时间相符，确定该用户窃电时间为××年 1 月 16 日至××年 3 月 7 日，共计 50 天。

查处依据

此案例符合《供电营业规则》第一百零三条规定，属于窃电行为，窃电量按照第一百零五条计算。

事件处理

用户私接设备额定容量 4kW，因此在追补电量时按照此额定容量计算。

追补电量为 4×6×50＝1200（kW·h）。

追补电费为 1200×0.568＝681.6（元）。

三倍违约使用电费为 681.6×3＝2044.8（元）。

合计追缴为 681.6＋2044.8＝2726.4（元）。

暴露问题

（1）计量箱未加装铅封，客观上给了客户窃电造成可乘之机。

（2）表箱巡视不到位，未能及时发现表箱中存在的问题。

防范措施

（1）计量箱上的铅封要做到应装尽装，客观上杜绝客户私自更改计量装置的可能性。

（2）加强表箱巡视进度和力度，强化客户经理责任意识。

5　问君窃电几多愁　恰似"U形"行不通

查处经过

××年 7 月 18 日，国网××市供电公司××供电所工作人员王××，在对其辖区北街两台区开展反窃电专项巡视检查工作，发现该台区赵××户号 5313×××××所租赁店铺表箱外部存在铅封破损现象，同时供电公司施封防盗锁有人为撬动痕迹，疑似存在私自改动表箱内部线路行为。客户经理随即打开行为记录仪，当场对其表箱内部进行检查。经检查，表尾处发现明显 U 形环装置（见图 10-10）。经钳形电流表检测，电能表中所计电流与所测得出线端导线实际电流存在明显差异，属于典型的 U 形环短接窃电行为。

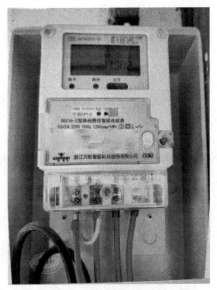

图 10-10　疑似更改处

经三方到场确定，在事实与证据面前赵××对其窃电行为供认不讳，客户经理按要求当场对其实施停电并拆除窃电装置，并对当事人下发违约用电、窃电通知书。

经调查，当事人的维修店朋友张××有一定带电操作知识，当事人为节约租赁店铺成本抱着侥幸心理与张××一起实施窃电，其间线路与作案工具发生打火十分危险。该客户自××年 5 月 12 日开始租赁店铺经营花草零售，窃电时间自××年 5 月 13 日至检查之日，共计 67 天计算，每日窃电时间不详，故每天按 6h 计算，现场检测其窃电用电功率约为 0.9kW。窃电行为不仅存在安全隐患，一经查处还将面临违约金处罚。

查处依据

此案例符合《供电营业规则》第一百零三条规定，属于窃电行为，窃电量按照第一百零五条计算。

事件处理

现场检测到窃电用电功率约为 0.9kW，因此在追补电量时按照此计算。

追补电量为 0.9kW×67 天×6h＝362（kW·h）。

5 月 13～31 日（19 天）当月单一制工商业电度用电价格为 0.717129375 元。

5 月追补电量为 0.9×19×6＝102.6（kW·h）。

5 月追补电费为 102.6×0.7171＝73.58（元）。

6 月 1～30 日（30 天）当月单一制工商业电度用电价格为 0.714146375 元。

6 月追补电量为 0.9×30×6＝162（kW·h）。

6 月追补电费为 162×0.7141＝115.69（元）。

7 月 1～18（18 天）当月单一制工商业电度用电价格为 0.715719375 元。

7 月追补电量为 0.9×18×6＝97.2（kW·h）。

7 月追补电费为 97.2×0.7157＝69.57（元）。

共计追补电量为 102.6＋162＋97.2＝361.8（kW·h）。

共计追补电费为 73.58＋115.69＋69.57＝258.84（元）

三倍违约使用电费为 258.84×3＝776.52（元）。

合计追缴电费为 258.84＋776.52＝1035.36（元）。

暴露问题

日常巡视工作频次不足，未能及时发现客户违约现象。

防范措施

加大台区巡视频次，及时制止客户违约用电行为，增强责任意识。

6 电网恢恢 疏而不漏

查处经过

××年 7 月 19 日，国网××供电公司××供电中心中站供电所台区经理刘××，在对 WP08×2 台区进行计量装置巡视工作时，发现一计量箱内 5 号表位电能表存在表尾接线异常，后立即停止巡视工作返回供电所，与供电所反窃电负责人李×，带上违约用电通知书和行为记录仪及相关工具回到疑似窃电现场。使用钳形表测量发现当时客户并未用电，电流极其微弱，但可发现进线电流与出线电流存在一定差异。经过进一步检查发现客户存在绕越计量装置进行窃电行为，将进线相线与出线相线进行短接，加载有 U 形环装置。

确认窃电行为后，中站供电所及时联系客户，客户到达现场后，对绕越计量装置窃电的行为供认不讳，并在违约用电通知书上签字，在期限内到供电所接受处罚。事后，经过询问客户，客户承认年初在五金店购买导线联系专业人士帮助其进行窃电行为。

因该台区线损较低，在客户实施窃电行为之后也没有明显上涨，未能及时发现其窃电行为，未能引起足够重视并及时进行制止。图 10-11 为客户现场窃电照片。

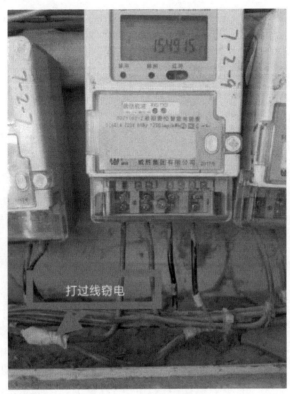

图 10-11 现场窃电照片

查处依据

此案例符合《供电营业规则》第一百零三条规定，属于窃电行为，窃电量按照第一百零五条计算确定。

事件处理

追补电量为 $5 \times 0.22 \times 180 \times 6 = 1188$（kW·h）。

追补电费为 $1188 \times 0.568 = 674.78$（元）。

三倍违约使用电费为 $674.78 \times 3 = 2024.34$（元）。

合计追缴为 $674.78 + 2024.34 = 2699.12$（元）。

🔅 **暴露问题**

对线损较低的台区，巡视力度不够，无法及时发现窃电行为。

🖐 **防范措施**

加强日线损监测，及时对比每日线损波动，做到波动必查。

7 短短的小铜线 一头连着安全一头连着法律

⚙ **查处经过**

国网××供电公司东区供电中心用电监察专责蔡××，在对其辖区配000×3变台区进行日常台区线损数据比对分析过程中发现近三个月该台区线损呈上升趋势，通过营销系统查询，该台区近三个月未存在客户新增、计量点变更、电能表更换、客户销户等工单台区用电计量点无增加和减少情况，通过查询用电信息采集系统不存在跨越台区调整计量点的情况，电能表自动采集成功率近三个月始终为100%，不存在手动调整电量的情况，沟通咨询供电服务指挥中心了解近三个月该台区未接到线路设备报修工单，也不存在因相邻台区或低压线路设备故障临时挂接相邻台区计量点的情况。由此初步判断该台区可能存在疑似窃电用户。

通知台区客户经理对该台区进行重点关注并通过用电信息采集系统对该台区所辖所有计量表计开展远程数据筛查分析，开展数据分析的同时，安排人员对该台区低压线路进行巡视，排除直接挂线窃电的可能，巡视线路的同时确认零电量客户实际用电情况，缩小疑似窃电用户的筛查范围。排除私接线路窃电和零电量客户窃电以后，数据分析人员利用用电信息采集系统"业务应用"模块重点对剩余客户的用电量情况进行逐一对比，使用用电信息采集系统"采集业务"模块对电能表"事件"信息进行召测提取，对电能表实际运行记录的电压、电流、相位、功率等数据进行逐一分析，进一步缩小疑似窃电客户核查范围。

××年3月16日，用电监察专责蔡××协同供电所台区经理办理完现场检查所必需的审批手续以后携带现场视频记录仪、用电检查单、用电检查结果通知单以及检查所需的个人工器具对该台区的重点疑似客户开展现场用电检查，当检查到编号为15047×××××的计量箱时，发现该箱现场实际使用封印号与登记的封印号不符，再次确认重点疑似客户名单后，确认该计量箱内2号表位电能表为本次检查的重点表计。在不破坏现场的情况下，通过远程用电信息采集系统召测功能召测电能表实时电压、电流、功率等数据，现场使用钳形电流表、万用表等工具对电能表箱该客户负荷侧导线电流、电压等数据进行测量，并使用现场视频记录仪对测量过程以及测量结果进行全程记录。现场实测电压数据正常，电流数据为 2.99A，中性线和相线电流平衡。用电信息采集系统召测数据显示电压正常，电能表相线电流 0.01A，中性线电流 0.08A（是否保留需再咨询确定）。现场初步判断该电能表计量存在问题。使用"豫电助手"通过查询电能表资产编号找到客户联系方式，通知客户到达现场后首先向客户亮明我方人员身份，再确认客户实际身份，向其表明我方的来意和目的；然后告知客户我们发现的现场疑点和初步检查数据，邀请客户陪同一起对表箱开箱检查，并对电能表实际运行环境、运行状况和运行数据进行测量记录。打开表箱前首先告知现场实际在用封印号与我方登记的封印号不符，并对现场在用封印进行拍照取证。打开表箱后观察表箱内电能表外观，从现场电能表附着灰尘可以看出 2 号表位电能表有较为明显的被擦拭痕迹，进一步观察发现该表计上方耳封无异常，正面通信模块仓封印正常，表尾盖封印缺失。使用钳形电流表测量电能表相线、中性线进出线电流，并通过电能表显示屏查询电能表显示的电流、电压、功率数据与开箱前的各种数据一致。仔细观察电能表表尾接线处发现异常，表尾有两处被白色油漆涂抹过的地方，进一步观察发现疑似有短接线存在，对现场接线情况进行拍照摄像取证之后，断开电能表表前刀开关，拆下电能表之后确认该电能表表尾有 U 形环短接窃电。

事实面前，用户对使用 U 形环短接方式窃电的行为予以认可，并在用电检查结果通知单上签字，要求客户在规定的时间内到供电公司补缴电费并缴纳违约金。

事后，经过询问客户，客户承认在××年初，通过互联网联系，网上下单后，有人到其住处为其电能表加载了 U 形环，同时使用伪造的表箱封印对现场进行伪装，帮助其实施窃电行为，同时通过用电信息采集系统对比该户用电量信息，确认该客户于××年 1 月 18 日起，电量明显减少，两方时间相符，确定该客户窃电时间为××年 1 月 18 日～××年 3 月 16 日，共计 58 天。

恢复客户计量装置后，计算其日均电量为 14kW·h，同比去年同时段日均电量也为 14kW·h，因此在追补电量时采用此电量值计算。

查处依据

此案例符合《供电营业规则》第一百零三条规定，属于窃电行为，窃电量按照第一百零五条计算。

事件处理

追补电量为 14×58＝812（kW·h）。
追补电费为 812×0.568＝461.22（元）。

三倍违约使用电费为 461.22×3＝1383.66（元）。

合计追缴为 461.22＋1383.66＝1844.88（元）。

💡 暴露问题

（1）此客户窃电期间，其所在台区线损率虽有上升，但仍在考核范围之内，没有引起足够的重视。

（2）计量箱封印管理过于粗放，现场巡视流于形式，客观上给了用户窃电可乘之机。

（3）一线基层员工对新技术、新方法的学习领悟使用能力不足，对新技能的掌握程度不够扎实。

👆 防范措施

计量箱加装铅封应装尽装，做好登记。客观上杜绝客户私自更改计量装置的可能性，日线损监督体制不能流于形式，应做到波动必查。建立模块化专业化的线损治理柔性团队。加强日常计量箱巡视，采用更为行之有效的措施预防措施。加强与公安机关的合作，同时强化反窃电方面的宣传，增加打击窃电的打击处罚力度。

8 疑点难逃法眼 真相就在眼前

⚙ 查处经过

××年 10 月 11 日，接到某小区故障报修抢修单，原因是用户表箱被大风吹翻了，要求供电公司立即出现场进行处理。接到抢修单后，供电所立即安排专人去现场进行查看，发现现场表箱内一共有低压单项表计 20 块，其中客户李×电能表铅封损坏。出现此状况，现场工作人员立即通知供电所专员。通过电力营销业务应用系统查询客户用电报装容量信息、往月电量电费信息、计量装置配置信息、计量装置安装现场施封信息、电源信息、用电性质以及电价等信息。利用用电信息采集系统"统计查询"模块的"基础数据查询功能"对比该客户近三个月的日用电量信息，同时通过查看对比每日的电流、电压、功率、功率因数等曲线数据，查找有无可疑的用电信息，对比营销系统查询的用电性质以及电价信息对比日负荷曲线，查找有无可疑的负荷信息。利用线损一体化平台对比中压日线损情况，查询线路中压线损波动情况。

经用电信息采集系统查询该用户电流曲线图，发现该客户 9 月 11 日后的电流值趋近于 0A，查询电压曲线数据，每天电压数据正常，怀疑该客户存在窃电现象，随即通知现场人员对该电能表进行检查。

台区经理办理现场检查所必需的审批手续，携带现场视频记录仪、万用表、钳形电流表、证物袋、用电检查单、用电检查结果通知单以及检查所需的个人工器具对该重点疑似客户开展现场用电检查。开始实施现场检查之前，通过用电信息采集系统"采集业务"模块远程召测功能召测电能表实时电压、电流、功率等数据，得知该客户目前的用电情况与之前没有明显变化，判断现在开展用电检查的时机可以，工作人员马上严格按照现场作业安全规范要求，做好必要的人身防护和安全措施。经台区经理现场检查后，发现该客户李×强行破坏铅封，电能表表尾盖封印已经被破坏，进出线端子被 U 形环装置短接，现场使用钳形电流表测得进线电流 3A，出线电流 0A，查看电能表记录的二次线电流 0A。

发现窃电异常后，台区经理及时通知客户到达现场，首先主动出示工作证件亮明我方身份，再确认客户实际身份，并向其表明我方的来意和目的；然后告知客户我们发现的现场疑点和初步检查数据，要求客户在场一起对表箱开展开箱检查，并对电能表实际运行环境、运行状况和运行数据进行测量记录。打开表箱前首先告知现场实际在用铅封已损坏，并已经对现场在用铅封进行拍照取证。打开表箱后，发现电能表接线端子被 U 形环短接，如图 10-12 所示，使用钳形电能表测量进出线电流相差较大，属于明显内部 U 形环装置短接窃电，确认窃电行为后，工作人员立即对现场终止供电。

客户在事实面前无从狡辩，承认在某电商平台购入 U 形环装置，将电能表端子短接，绕过电能表窃电。根据客户所诉时间，并同时比对用电信息采集系

图 10-12　接线端子被 U 形环短接

统，确认该客户于××年 9 月 11 日起开始电量明显减少，两方时间相符，确认该客户实际窃电时间为 9 月 11 日～10 月 11 日，共计 30 天。最终该客户承认了自己的窃电事实并同意接受处理。

台区经理随即对用户下达用电检查结果通知单，告知窃电事实清楚，确认

签字并在规定时间内到营业厅补缴电费及违约使用电费。完成现场检查后，工作人员通知供电所内勤人员及时在营销系统发起窃电处理流程，并录入相关资料、证据等。

查处依据

此案例符合《供电营业规则》第一百零三条规定，属于窃电行为，并按照第一百零五条第二款按计费电能表标定电流值（对装有限流器的，按限流器整定电流值）所指的容量（千伏安视同千瓦）乘以实际窃用的时间计算所窃电量。

事件处理

经查询营销系统，该客户实际使用电量未超过阶梯第一挡，故追补电费时电价按照第一挡计算。

追补电量为 $5 \times 0.22 \times 6 \times 30 = 198$ （kW·h）。

追补电费为 $198 \times 0.56 = 110.88$ （元）。

三倍违约使用电费为 $110.88 \times 3 = 332.64$ （元）。

合计追缴为 $110.88 + 332.64 = 443.52$ （元）。

暴露问题

（1）供电所人员对该台区用电情况不熟悉，导致客户窃电 30 天未能及时发现问题。对情况复杂的小区应制订相应的管理规范，杜绝有人趁乱"制乱"。

（2）对计量表箱管理不合格，计量巡视流于表面，现场巡视周期过长，未能及时发现计量表箱破损。

（3）用电检查缺乏主动性，总是出现问题再去解决问题。

（4）供电所基层人员缺乏相应的专业知识，缺少处理相应问题的专业能力，不能做到及时发现问题、解决问题，只能一味求助于上级部门专业人员进行处理。

防范措施

（1）加强现场计量装置巡视巡察管控力度，加强计量表箱铅封管理，研究新型防盗铅封，使表箱更牢固、更安全。

（2）多利用远程监控系统，对重点台区、重点用户实时监测电力使用情况，并及时发现异常情况。

（3）通过宣传教育活动，提高公众对反窃电的认识和意识，倡导合法用电和节约用电的行为。

9 隐蔽手法来短接　数据支撑显事实

查处经过

××年 9 月 10 日，公司对外公开的窃电举报电话接到匿名举报，称某商业区存在大规模窃电行为。供电所人员立即对举报内容中的商业区所有客户进行筛查。工作人员利用营销系统及用电信息采集系统查询商业区 58 位客户往月及去年同期户日均电量值，确定电量波动较大的疑似窃电客户王××、张××。通过营销系统查询客户用电报装容量信息、往月电量电费信息、计量装置配置信息、计量装置安装现场施封信息、电源信息、用电性质以及电价等信息。利用用电信息采集系统"统计查询"模块的"基础数据查询功能"对比该客户近三个月的日用电量信息，同时通过查看对比每日的电流、电压、功率、功率因数等曲线数据，查找有无可疑的用电信息，对比营销系统查询的用电性质以及电价信息对比日负荷曲线，查找有无可疑的负荷信息。利用线损一体化平台对比中压日线损情况，查询线路中压线损波动情况。初步判断客户窃电的可能性和大概率可能使用的方式方法，为现场提供基础的客户资料信息。

台区经理立即办理现场检查所必需的审批手续，携带现场视频记录仪、万用表、钳形电流表、证物袋、用电检查单、用电检查结果通知单以及检查所需的个人工器具对两名重点疑似客户开展现场用电检查。开始实施现场检查之前，通过用电信息采集系统"采集业务"模块远程召测功能召测电能表实时电压、电流、功率等数据，得知该客户目前的用电情况与之前没有明显变化，判断现在开展用电检查的时机可以，工作人员马上严格按照现场作业安全规范要求，做好必要的人身防护和安全措施。

经现场检查后发现王××计量箱铅封完好，打开计量箱后发现电能表表尾螺钉松动，使用钳形电流表测量电能表进出线电流为 5、1.3A，造成电量少计，因为现场计量箱以及电能表均无人为破坏痕迹，故判断为自然老化松动，工作人员拧紧螺钉后，电能表计量恢复正常。用户张××计量箱铅封编号与营销系统记录编号不符，存在伪造封印嫌疑，随即对涉嫌伪造封印的表箱进行拍照取证。打开表箱后，电能表铅封被毁，电能表外部并无明显异常，用钳形电流表测得进出线电流 10、0A，初步判断电能表内部存在问题。

台区经理及时通知客户到达现场，首先主动出示工作证件亮明我方身份，再确认客户实际身份，并向其表明我方的来意和目的，然后告知客户我们发现的现场疑点和初步检查数据，要求客户在场一起对表箱开展开箱检查，并对电能表实

图 10-13　电能表进出端涂抹绝缘漆

际运行环境、运行状况和运行数据进行测量记录。打开表箱前首先告知现场实际在用铅封与系统记录铅封不符，铅封存在伪造嫌疑，并已对现场在用铅封进行拍照取证。打开表箱后，从外部看电能表并无异常，工作人员怀疑电能表内部可能存在问题，随即拆卸电能表进行检查。经过详细的检查后，发现该电能表进出端子头涂抹绝缘漆如图 10-13 所示，以造成电量少计或不计的现象。

在事实面前，张××狡辩称不清楚是谁涂抹的绝缘漆，今天饭店还没有开门，并不存在窃取电量的行为。根据用电信息采集系统对比该客户近三个月的日用电量信息，同时通过查看对比每日的电流、电压、功率、功率因数等曲线数据，发现 7 月 1 日起电压稳定正常，电流曲线趋近于 0，在监控数据面前，张××无从狡辩，承认了窃电事实。由于经营不善，饭店亏本经营，故产生了侥幸心理，从一名电工口中得知这种方式窃电不容易发现，即使有人检查一般也看不出来，就自己涂抹绝缘漆窃电。自此两方时间相符，确认该用户实际窃电时间为 7 月 1 日～9 月 9 日，共计 71 天。最终该客户承认了自己的窃电事实并同意接受处理。

台区经理随即对用户下达用电检查结果通知单，告知窃电事实清楚，确认签字并在规定时间内到营业厅补缴电费及违约使用电费。完成现场检查后，工作人员通知供电所内勤人员及时在营销系统发起窃电处理流程，并录入相关资料、证据等。

查处依据

此案例符合《供电营业规则》第一百零三条第二款～第五款规定，属于窃电行为，并按第一百零五条第二款计算所窃电量。

事件处理

根据《国家发展改革委关于进一步深化燃煤发电上网电价市场化改革的通知》《国家发展改革委关于进一步做好电网企业代理购电工作的通知》《国家发展改革委关于第三监管周期省级电网输配电价及有关事项的通知》《省发展改革委关于转发〈国家发展改革委关于进一步深化燃煤发电上网电价市场化改革的通知〉的通知》《省发展改革委关于转发〈国家发展改革委办公厅关于组织开展电

网企业代理购电工作有关事项的通知〉的通知》《河南省发展和改革委员会关于做好第三监管周期河南电网输配电价调整有关事项的通知》等有关要求，此客户追补电量以及对应的电价见表 10-1。

表 10-1　　　　　　　　　　　　电量追补表

追补时间	追补天数（天）	实时电价［元/（kW·h）］
7月1～31日	31	0.715719
8月1～31日	31	0.722265
9月1～9日	9	0.711686

追补电量为 15×0.38×12×31×2＝4240.8（kW·h），15×0.38×12×9＝615.6（kW·h）。

合计电量为 4240.8＋615.6＝4856（kW·h）。

追补电费为 2120.4×0.715719＝1517.61（元），2120.4×0.722265＝1531.49（元），615.6×0.711686＝438.11（元）。

合计电费为 1517.61＋1531.49＋438.11＝3487.22（元）。

三倍违约使用电费为 3487.22×3＝10461.66（元）。

合计追缴为 3487.22＋10461.66＝13948.88（元）。

暴露问题

（1）监管不到位，商业区内用电设备众多，但供电所人员在监控电量数据方面存在欠缺，导致窃电行为长期得以发生。

（2）对计量表箱管理不合格，计量巡视流于表面，现场巡视周期过长，未能及时发现计量表箱破损。

（3）供电所人员负荷监控的重要性意识不到位，放松警惕，就会让心存侥幸的人乘虚而入，加强监控意识，及时遏制窃电现象。

（4）群众对电力安全意识不强，对窃电行为缺乏警惕性。

防范措施

（1）加强现场计量装置巡视巡察管控力度，加强计量表箱铅封管理，研究新型防盗铅封，使表箱更牢固、更安全。

（2）多利用远程监控系统，对重点台区、重点用户实时监测电力使用情况，并及时发现异常情况。

（3）通过举办反窃电知识讲座、发放宣传资料等方式，提高商户的反窃电意识，加强对窃电行为的警惕，倡导合法用电和节约用电的行为。

（4）供电所组织专业人员定期对商业区内的用电设备进行安全巡查，发现问题及时修复，防止窃电行为的发生。

📊 章节总结

U 形环短接窃电是一种常见的窃电方式，窃电者通过在电能表的电流端子、TA 一次或二次侧、电流回路中的端子排等部位短接电流回路，使负荷电流分流，电能表慢转或不转，从而达到窃电目的。本章节选取了较为典型的现场真实案例，揭示了 U 形环短接窃电的隐蔽性和复杂性，以及相应有效的反窃电手法。在选取的典型案例中，大多数都是在计量装置尾端加装 U 形环，故意使供电企业用电计量装置不准或失效，以达到窃电的目的。希望通过对此类窃电典型案例的分析，能给电力行业从业者带来启示和反思。

针对此类窃电行为，供电公司灵活运用营销系统和用电信息采集系统进行数据分析，为现场查窃电打下基础，极大地提高了反窃电的工作效率，利用营销系统和用电信息采集系统的"数据证据"以及现场检查的"事实证据"，两相证据相互印证，使窃电人员无所遁形。

当然，在这些典型案例的背后，是大量电力资源的流失，也是我们作为电力从业者需要反思的地方。首先，供电所应持续加强监管力度，加强与商户的合作，共同维护供电系统的安全和稳定。其次，随着网络信息变得更发达、更透明，为我们宣传反窃电起到了积极作用，公司通过网站、短视频等新型手段对窃电行为进行大曝光，引发全民讨论，但也不乏一些别有用心之人采用更高科技、更隐蔽的手段进行窃电，这就对我们工作人员及时发现窃电，并处理窃电造成了一定障碍，所以对表箱的保护是我们防止窃电的第一道防线。加大研究新型防盗计量箱的力度，保护计量装置不受人为破坏能更大程度上防止窃电的产生；同时，多利用新媒体平台，让更多的人了解到窃电的危害，并制订相应的奖励制度，鼓励人民群众对窃电行为进行举报。

本书案例查处依据

1. 中华人民共和国国家发展和改革委员会令第14号《供电营业规则》

第一百零一条 供电企业对用户危害供用电安全、扰乱正常供用电秩序等行为应当及时予以制止。用户有下列行为的，应当承担相应的责任，双方另有约定的除外：

（一）在电价纸的供电线路上，擅自接用电价高的用电设备或私自改变用电类别的，应当按照实际使用日期补交其差额电费，并承担不高于二倍差额电费的违约使用电费，使用起讫日期难以确定的，实际使用时间按照三个月计算；

（二）私增或更换电力设备导致超过合同约定的容量用电的，除应当拆除私增容设备或恢复原用电设备外，属于两部制电价的用户，应当补交私增设备容量使用天数的容（需）量电费，并承担不高于三倍私增容量容（需）量电费的违约使用电费；其他用户应当承担私增容量每千瓦（千伏安视同千瓦）五十元的违约使用电费，如用户要求继续使用者，按照新装增容办理；

（三）擅自使用已在供电企业办理减容、暂拆手续的电力设备或启用供电企业封存的电力设备的，应当停用违约使用的设备；属于两部制电价的用户，应当补交援自使用或启用封存设备容量和使用天数的容（需）量电费，并承担不高于二倍补交容（需）量电费的违约使用电费；其他用户应当承担擅自使用或启用封存设备容量每次每千瓦（千伏安视同千瓦）三十元的违约使用电费，启用属于私增容被封存的设备的，违约使用者还应当承担本条第二项规定的违约责任；

（四）私自迁移、更动和擅自操作供电企业的电能计量装置、电能信息采集装置、电力负荷管理装置、供电设施以及约定由供电企业调度的用户受电设备者，属于居民用户的，应当承担每次五百元的违约使用电费；属于其他用户的，应当承担每次五千元的违约使用电费；

（五）未经供电企业同意，擅自引入（供出）电源或将备用电源和其他电源私自并网的，除当即拆除接线外，应当承担其引入（供出）或并网电源容量每千瓦（千伏安视同千瓦）五百元的违约使用电费。

第一百零三条 禁止窃电行为。窃电行为包括：

（一）在供电企业的供电设施上，擅自接线用电；

（二）绕越供电企业电能计量装置用电；

（三）伪造或者开启供电企业加封的电能计量装置封印用电；

（四）故意损坏供电企业电能计量装置；

（五）故意使供电企业电能计量装置不准或者失效；

（六）采用其他方法窃电。

第一百零四条 供电企业对查获的窃电者，应当予以制止并按照本规则规定程序中止供电。窃电用户应当按照所窃电量补交电费，并按照供用电合同的约定承担不高于应补交电费三倍的违约使用电费。拒绝承担窃电责任的，供电企业应当报请电力管理部门依法处理。窃电数额较大或情节严重的，供电企业应当提请司法机关依法追究刑事责任。

第一百零五条 能够查实用户窃电量的，按已查实的数额确定窃电量。窃电量不能查实的，按照下列方法确定：

（一）在供电企业的供电设施上，擅自接线用电或者绕越供电企业电能计量装置用电的，所窃电量按照私接设备额定容量（千伏安视同千瓦）乘以实际使用时间计算确定；

（二）以其他行为窃电的，所窃电量按照计费电能表标定电流值（对装有限流器的，按照限流器整定电流值）所指的容量（千伏安视同千瓦）乘以实际窃用的时间计算确定。

窃电时间无法查明时，窃电日数以一百八十天计算。每日窃电时长，电力用户按照十二小时计算、照明用户按照六小时计算。

2. 《中华人民共和国电力法》

第五十九条 电力企业或者用户违反供用电合同，给对方造成损失的，应当依法承担赔偿责任。

电力企业违反本法第二十八条、第二十九条第一款的规定，未保证供电质量或者未事先通知用户中断供电，给用户造成损失的，应当依法承担赔偿责任。

第七十一条 盗窃电能的，由电力管理部门责令停止违法行为，追缴电费并处应交电费五倍以下的罚款；构成犯罪的，依照刑法有关规定追究刑事责任。